人民文学出版社 天天出版社

日记好看，科学好玩儿

国际儿童读物联盟主席　张明舟

人类有好奇的天性，这一点在少年儿童身上体现得尤为突出：他们求知欲旺盛，感官敏锐，爱问“为什么”，对了解身边的世界具有极大热情。各类科普作品、科普场馆无疑是他们接触科学知识的窗口。其中，科普图书因内容丰富、携带方便、易于保存等优势，成为少年儿童及其家长的首选。

“孩子超喜爱的科学日记”是一套独特的为小学生编写的原创日记体科普童书，这里不仅记录了丰富有趣的日常生活，还透过“身边事”讲科学。书中的主人公是以男孩童晓童为首的三个“科学小超人”，他们从身边的生活入手，探索科学的秘密花园，为我们展开了一道道独特的风景。童晓童的“日记”记录了这些有趣的故事，也自然而然地融入了科普知识。图书内容围绕动物、植物、物理、太空、军事、环保、数学、地球、人体、化学、娱乐、交通等主题展开。每篇日记之后有“科学小贴士”环节，重点介绍日记中提到的一个知识点或是一种科学理念。每册末尾还专门为小读者讲解如何写观察日记、如何进行科学小实验等。

我在和作者交流中了解到本系列图书的所有内容都是从无到有、从有到精，慢慢打磨出来的。文字作者一方面需要掌握多学科的大量科学知识，并随时查阅最新成果，保证知识点准确；另一方

面还要考虑少年儿童的阅读喜好，构思出生动曲折的情节，并将知识点自然地融入其中。这既需要勤奋踏实的工作，也需要创意和灵感。绘画者则需要将文字内容用灵动幽默的插图表现出来，不但要抓住故事情节的关键点，让小读者看后“会心一笑”，在涉及动植物、器物等时，更要参考大量图片资料，力求精确真实。科普读物因其内容特点，尤其要求精益求精，不能出现观念的扭曲和知识点的纰漏。

“孩子超喜爱的科学日记”系列将文学和科普结合起来，以一个普通小学生的角度来讲述，让小读者产生亲切感和好奇心，拉近了他们与科学之间的距离。严谨又贴近生活的科学知识，配上生动有趣的形式、活泼幽默的语言、大气灵动的插图，能让小读者坐下来慢慢欣赏，带领他们进入科学的领地，在不知不觉间，既掌握了知识点，又萌发了对科学的持续好奇，培养起基本的科学思维方式和方法。孩子心中这颗科学的种子会慢慢生根发芽，陪伴他们走过求学、就业、生活的各个阶段，让他们对自己、对自然、对社会的认识更加透彻，应对挑战更加得心应手。这无论对小读者自己的全面发展，还是整个国家社会的进步，都有非常积极的作用。同时，也为我国的原创少儿科普图书事业贡献了自己的力量。

我从日记里看到了“日常生活的伟大之处”。原来，日常生活中很多小小的细节，都可能是经历了千百年逐渐演化而来。“孩子超喜爱的科学日记”在对日常生活的探究中，展示了科学，也揭开了历史。

她叫范小米，同学们都喜欢叫她米粒。他叫皮尔森，中文名叫高兴。我呢，我叫童晓童，同学们都叫我童童。我们三个人既是同学也是最好的朋友，还可以说是“臭味相投”吧！这是因为我们有共同的爱好。我们都有好奇心，我们都爱冒险，还有就是我们都酷爱科学。所以，同学们都叫我们“科学小超人”。

童晓童一家

童晓童 男，10岁，阳光小学四年级（1）班学生

我长得不能说帅，个子嘛也不算高，学习成绩中等，可大伙儿都说我自信心爆棚，而且是淘气包一个。沮丧、焦虑这种类型的情绪，都跟我走得不太近。大家都叫我童童。

我的爸爸是一个摄影师，他总是满世界地玩儿，顺便拍一些美得叫人不敢相信的照片登在杂志上。他喜欢拍风景，有时候也拍人。其实，我觉得他最好的作品都是把镜头对准我和妈妈的时候诞生的。

我的妈妈是一个编剧。可是她花在键盘上的时间并不多，她总是在跟朋友聊天、逛街、看书、沉思默想、照着菜谱做美食的分分秒秒中，孕育出好玩儿的故事。为了写好她的故事，妈妈不停地在家里扮演着各种各样的角色，比如侦探、法官，甚至是坏蛋。有时，我和爸爸也进入角色和她一起演。好玩儿！我喜欢。

我的爱犬琥珀得名于它那双“上不了台面”的眼睛。在有些人看来，蓝色与褐色才是古代牧羊犬眼睛最美的颜色。8 岁那年，我在一个拆迁房的周围发现了它，那时它才 6 个月，似乎是被以前的主人遗弃了，也许正是因为它的眼睛。我从那双琥珀色的眼睛里，看到了对家的渴望。小小的我跟小小的琥珀，就这样结缘了。

范小米一家

范小米 女，10岁，阳光小学四年级（1）班学生

我是童晓童的同班同学兼邻居，大家都叫我米粒。其实，我长得又高又瘦，也挺好看。只怪爸爸妈妈给我起名字时没有用心。没事儿的时候，我喜欢养花、发呆，思绪无边无际地漫游，一会儿飞越太阳系，一会儿潜到地壳的深处。有很多好玩儿的事情在近100年之内无法实现，所以，怎么能放过想一想的乐趣呢？

我的爸爸是一个考古工作者。据我判断，爸爸每天都在历史和现实之间穿越。比如，他下午才参加了一个新发掘古墓的文物测定，晚饭桌上，我和妈妈就会听到最新鲜的干尸故事。爸爸从散碎的细节中整理出因果链，让每一个故事都那么奇异动人。爸爸很赞赏我的拾荒行动，在他看来，考古本质上也是一种拾荒。

我妈妈是天文馆的研究员。爸爸埋头挖地，她却仰望星空。我成为一个矛盾体的根源很可能就在这儿。妈妈有时举办天文知识讲座，也写一些有关天文的科普文章，最好玩儿的是制作宇宙剧场的节目。妈妈知道我好这口儿，每次有新节目试播，都会带我去尝鲜。

我的猫名叫小饭，妈妈说，它恨不得长在我的身上。无论什么时候，无论在哪儿，只要一看到我，它就一溜小跑，来到我的跟前。要是我不立马知情识趣地把它抱在怀里，它就会把我的腿当成猫爬架，直到把我绊倒为止。

皮尔森一家

皮尔森 男，11岁，阳光小学四年级（1）班学生

我是童晓童和范小米的同班同学，也是童晓童的铁哥们儿。虽然我是一个英国人，但我在中国出生，会说一口地道的普通话，也算是个中国通啦！小的时候妈妈老怕我饿着，使劲儿给我摅饭，把我养成了个小胖子。不过胖有胖的范儿，而且，我每天都乐呵呵的，所以，爷爷给我起了个中文名字叫高兴。

我爸爸是野生动物学家。从我们家常常召开“世界人种博览会”的情况来看，就知道爸爸的朋友遍天下。我和童晓童穿“兄弟装”的那两件有点儿像野人穿的衣服，就是我爸爸野外考察时带回来的。

我妈妈是外国语学院的老师，虽然才36岁，认识爸爸却有30年了。妈妈简直是个语言天才，她会6国语言，除了教课以外，她还常常兼任爸爸的翻译。

我爷爷奶奶很早就定居中国了。退休之前，爷爷是大学生物学教授。现在，他跟奶奶一起，住在一座山中别墅里，还开垦了一块荒地，过起了农夫的生活。

奶奶是一个跨界艺术家。她喜欢奇装异服，喜欢用各种颜色折腾她的头发，还喜欢在画布上把爷爷变成一个青蛙身子的老小伙儿，她说这就是她的青蛙王子。有时候，她喜欢用笔和颜料以外的材料画画。我在一幅名叫《午后》的画上，发现了一些干枯的花瓣，还有过了期的绿豆渣。

目录

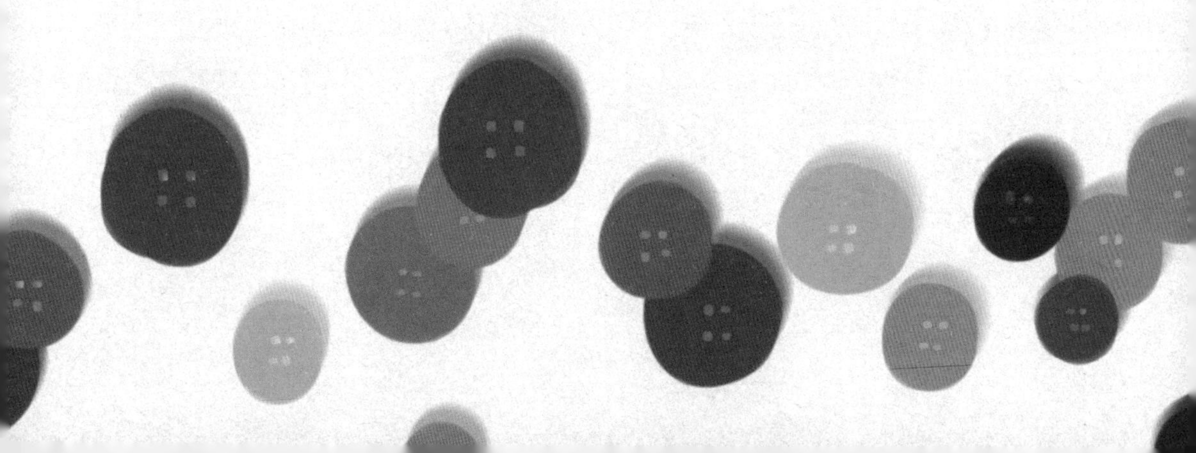

2月4日 星期日 快来救救我

今天注定是不同寻常的一天，因为在迎接清晨的阳光前，我做了一个奇妙的梦。梦里，我看到屋子里所有的物品都变回了它们原有的状态，我想当时我的嘴巴一定张得比河马还大吧！

谁都想不到我在梦里看到了什么！书架上的书本里扭出了一根根枝条，把书架像木乃伊一样层层包裹了起来；桌上的牛奶盒长出了绿叶；更可怕的是药柜里居然横空生长出一棵紫杉！这么有趣的事情我怎么可能放过呢？我猛地一翻身，跳下木桩床去探险。

我超准的第六感带我走到了窗口，透过映着绿色的玻璃窗，我看到阳光下，爸爸正坐在用棕榈纤维制作的巨型藤椅上，眯着眼睛惬意地喝着花茶。“嘿！爸爸……”我使劲儿地把头伸出窗外，想招呼爸爸也带上我一起享受享受。可话到嘴边，整个房子就开始剧烈地晃动起来。脚底下的地板缝里开始冒出各种远古蕨类植物，它们扭动着身躯不停地生长变大，感觉就要吞没整个房间了。等我反应过来“走为上策”时，却冷不丁地被从天而降的水浇了一身。

等我再睁开眼，房间里的一切又都变回了原样。而把我从梦境里拉回现实的“那盆水”，居然是琥珀趁我熟睡时舔了我一脸的口水！这次还真得感谢琥珀，要不是它，我刚刚就要被侵略人类的植物们给吞没了！我的小心脏才刚刚平复了一会儿，一阵急促的敲门声就响了起来。

打开门，我看到了不停喘着气的米粒——显然她是跑过来的，整个人都冒着热气。这让我不太厚道地联想到了刚出炉的包子。米粒如此着急的样子还真是少见，但凭我高超的理解能力还是从她有上句没下句的话中总结出了一个简单的意思：毛毛虫和蛀虫在路口的小树上安了家，树上的嫩叶和树枝树干的髓心成了它们的美味餐点，而我们现在必须立刻出发，去拯救这棵倒霉的树！

等我们赶到现场勘查的时候，高兴已经站在那里了。如果我能预料到高兴的想法，我肯定不会问他有什么好主意。他居然想学习中非人活捉毛毛虫做虫虫大餐。“我们可以做又香又脆的油炸毛毛虫啊！或者清蒸水煮一下应该也不错……”我和米粒可实在受不了了，阻止越说越兴奋的高兴继续说下去。就算毛毛虫在中非属于美食，我也不想尝试。

幸好来城里探望高兴的爷爷及时出现，帮助小树锯掉了腐烂的树枝，又洒上农药，这才拯救了它。这些害虫太可恶了！我扬着手里的火柴，示意要烧掉这些讨厌的毛毛虫，却被高兴爷爷阻止了。他告诉我，如果节约50亿根火柴就能拯救一棵世界上最高大的美国红杉，否则美国红杉就会像南大西洋的圣赫勒拿橄榄一样，永远从地球上消失。

科学小贴士

动植物生存都需要特定的环境。过度建造城市而破坏动植物的栖息地，不仅导致了自然美景的永远消失，还会使得生活在那里的小动物们也跟着遭殃。不过幸好我们“科学小超人”小分队成员一致同意组成绿色小组，打开身边的绿色大门。

4月8日 星期日
耍小聪明的拟态植物

我和米粒现在正穿着绿色的外套，脸上还抹着绿色颜料和泥土，蹲在公园的温室花棚里面。琥珀看到我们了。嘘，千万别叫！否则把高兴引来，我就不得不吃他为我们准备的特别沙拉了。那里面一根根味道呛人的鱼腥草，实在是太让人反胃了。

躲归躲，不过既然都到了温室里，不好好观察一下这里的奇异花朵岂不白来？我眼睛那么尖，不一会儿就发现了一株特别的兰花。起初我还以为是有只雌蜂停在了植物上，所以没敢

靠近，后来才发现原来是被一株角蜂眉兰给骗了。它不仅外形长得像雌蜂，据说连气味都和雌蜂一模一样。

其实角蜂眉兰这样做是为了吸引雄蜂靠近，把花粉拍打在雄蜂头上，让那只晕头转向的倒霉雄蜂不知不觉中就给它传递了花粉。这些都是米粒告诉我的，我真的很佩服她有那么丰富的知识。米粒却说这些都归功于她制作的花卉档案。当然以我们这么铁的关系，米粒很愿意为我解密她的花卉档案制作方法。

我们决定就从这株角蜂眉兰开始，制作一个关于拟态植物的档案。

画技高超的米粒大师掏出随身带着的彩色铅笔和写生本，边观察兰花，边唰唰唰地动起笔来。看到平时叽叽喳喳的米粒这么认真，我当然也不能落后！幸好有老爸给我准备的万能电子书，我很快就找到了关于角蜂眉兰的资料。等米粒画完后，我把资料简要地写在画旁边，并标出花名、生长地点和发现日期。

经过一下午的努力，我们的花卉档案已经记得满满当当了，这也意味着我们向博物学家又迈进了一大步。档案里面有来自热带丛林的长得像嘴唇一样的热唇草，有形似吐着芯子的眼镜蛇的眼镜蛇瓶子草，还有来自非洲南部的像石头一样呆萌的生石花。

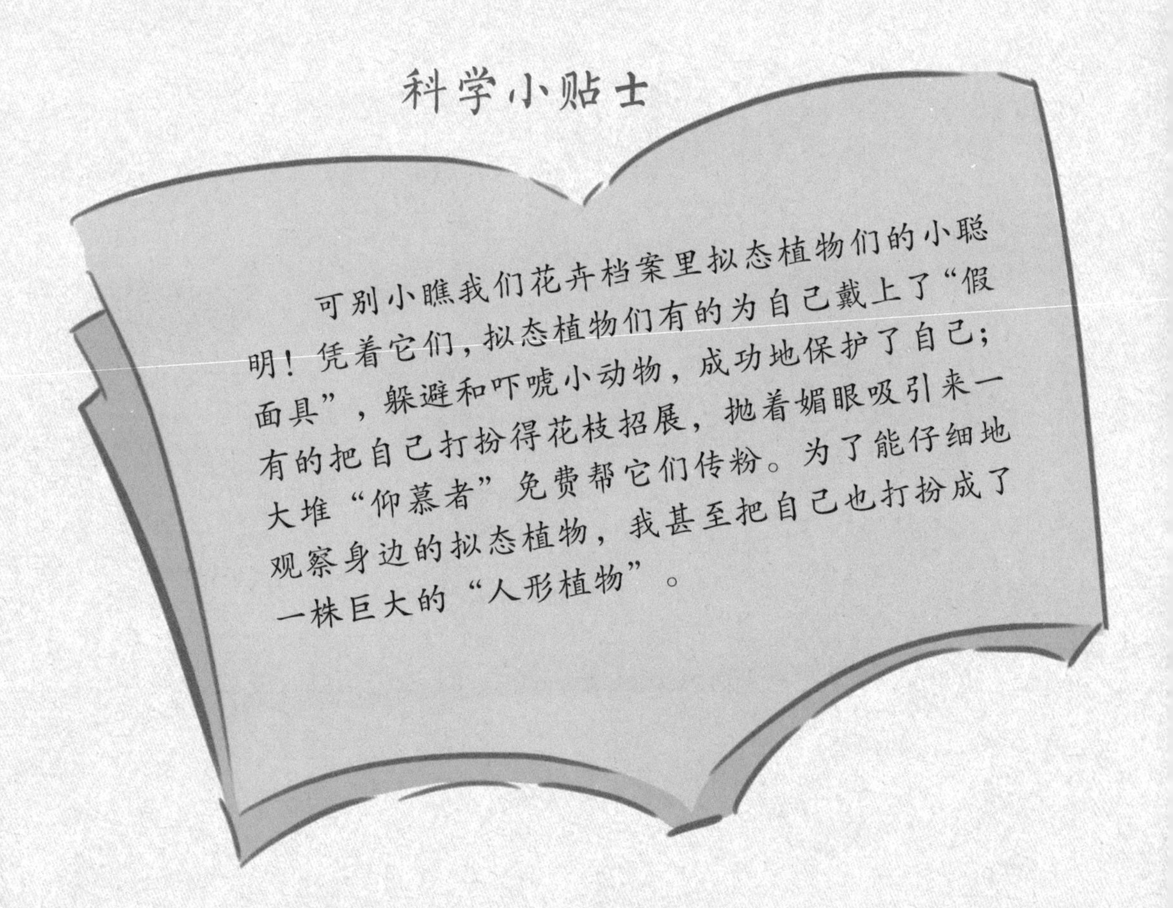

科学小贴士

可别小瞧我们花卉档案里拟态植物们的小聪明！凭着它们，拟态植物们有的为自己戴上了“假面具”，躲避和吓唬小动物，成功地保护了自己；有的把自己打扮得花枝招展，抛着媚眼吸引来一大堆“仰慕者”免费帮它们传粉。为了能仔细地观察身边的拟态植物，我甚至把自己也打扮成了一株巨大的“人形植物”。

4月26日
星期四
会长出番茄的书

一个阴天的早晨，要不是高兴说有个关于植物的重大发现，应该没有什么能够吸引我出门了。据说，高兴的名言“书中自有红番茄”“书中自有甜黄瓜”变成现实了，这个颇具诱惑力的大事件，我和米粒怎么能不去一探究竟呢？

高兴得意扬扬地向我们展示了他爸爸从日本带回来的礼物——一本可以种出植物的“书”。经过仔细研究，我发现它

和普通的书很不一样。它的外形跟书差不多，外面用防水性很好的纸张包裹，里面还有些人造土和肥料溶剂，以及番茄种子。只要每天往“书”里浇水，不久便会长出番茄秧，最终结出150个到200个迷你番茄来。

看高兴兴致勃勃的样子，我真怀疑，“能吃”才是他热衷于搜寻植物的最大原因。唉！我们从植物那里得到的不只是食物而已啊！我一本正经地对高兴进行了思想教育。

虽然我们身上的衣服大多是用棉花和麻制作而成的，可在亚洲东南部、非洲和南太平洋地区，人们也曾经拿树皮做衣服。比如海南岛的黎族同胞就会把当地某几种树的树皮剥下来，然后敲打、浸泡、晒干、缝制……经过一系列复杂的程序，树皮就变成了可以穿在身上的衣服。

还有可以提炼红色染料的茜草。茜草的根里含有红色染料茜素，不过含量非常少，提炼起来也很费工夫。所以，在汉代，用茜草染成的红色衣料是很名贵的，象征尊贵的地位。

这样说下去可就没完没了了，我及时打住，给高兴布置了两个作业：第一，去找到更多用在我们身上的植物；第二，真诚地感谢神奇的植物给我们带来了食物和衣服。

科学小贴士

高兴很快就来给我汇报作业进度了。他找到一种叫剑麻的植物，是著名的优质纤维植物。剑麻的纤维长、质地坚韧、拉力强、耐摩擦、耐酸碱、耐腐蚀、不打滑，可以做绳索、地毯、渔网，等等，还能用来造纸、做轮胎内衬……行！看高兴这么滔滔不绝的样子，他应该是明白植物除了“能吃”以外的用处了。

5月9日星期三

小心那些"猎手"

琥珀今天犯错了，它把后院里的虞美人给咬坏了。大概因为我最近忙着关心新来的虞美人而忽略了琥珀，显然它的嫉妒之火熊熊燃烧了起来。为了防止琥珀再这么做，我决定让它见识一下植物中的"猎手"。

我告诉琥珀，有一种叫捕蝇草的植物，它的叶子就像蚌壳一样，边缘有一圈小"爪"，叶片内侧长满了细毛。如果昆虫停落在张开的叶子上，触动了它的细毛，就会像触动了陷阱机关一样被捕蝇草的两片叶子快速"咬"住，然后被慢慢地消化吸收。我一边说一边张牙舞爪

地在琥珀面前比画，琥珀吓得往后缩了缩，也不知道它是不是真的听懂了。

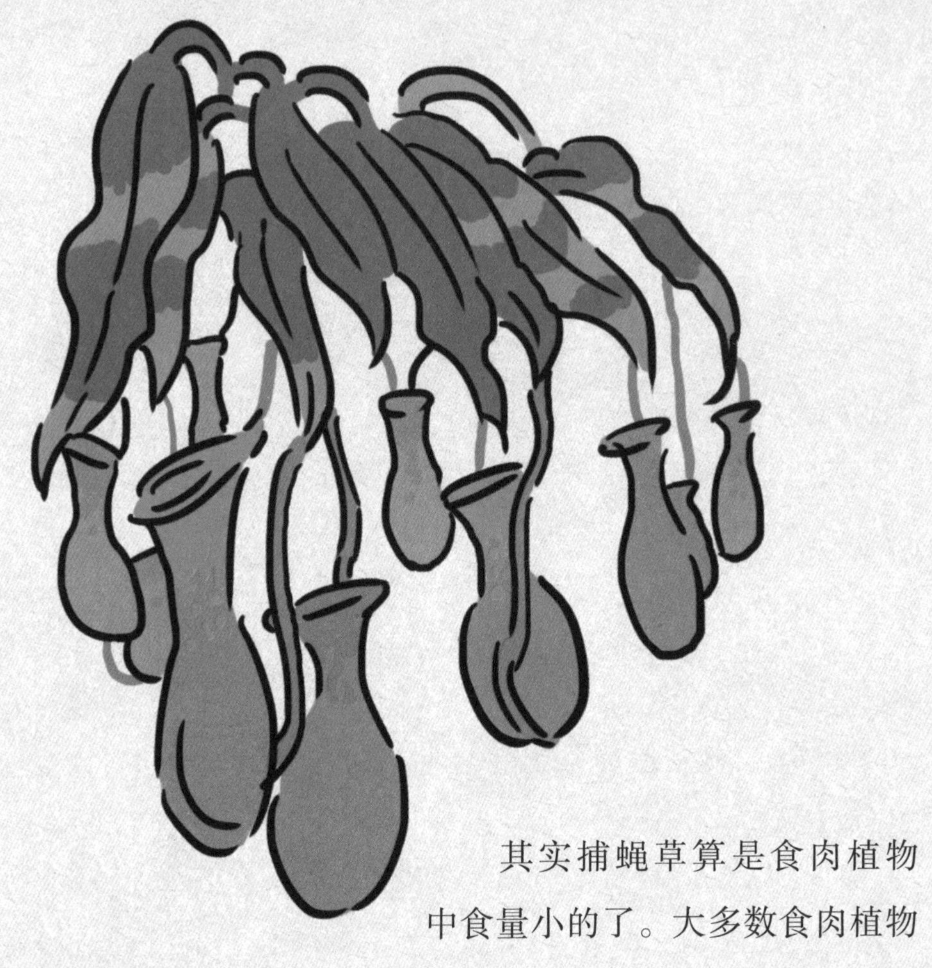

其实捕蝇草算是食肉植物中食量小的了。大多数食肉植物看起来都漂亮得很，实际上却很恐怖。

在菲律宾群岛的雨林里，人们发现了一种巨大的猪笼草。它长有长 30 厘米、宽 16 厘米的巨大捕虫瓶（其实是一种变形的叶子），足以吞下一整只老鼠，是至今发现的最大的猪笼草！如果有比人类还大的猪笼草存在，那岂不是……哦，我得停止想象了！实在是太恐怖了！

唉，既然陆地这么可怕，不如去水底自由自在的好。我的这个想法还没有成形，脑海里就闪现出米粒的一段可怕经历，

她跟我讲过，去年她和她爸爸去越南西贡考古的事儿。那里的溪水中藏着一种叫狸藻的植物。她可是亲眼看到一头喝水的牛被它们缠住，半天都挣脱不开。

要我说，还是离这些可怕的植物远一些比较好，除非你可以足够小心不被它们抓到。

科学小贴士

猪笼草捕虫瓶的底部有黏黏的消化液，“瓶盖”和“瓶口”则散发出吸引昆虫的气味。那些经不起诱惑的昆虫会掉入它“肚子”里，成为猪笼草的猎物，在黏液中溺死并被溶解，变成猪笼草的美餐。

5月13日 星期日
花中的勤娘子

今天妈妈交给我和琥珀一个任务：照顾后院的牵牛花一天。相比起来，琥珀可比我积极多了，从昨天晚上开始就守在后院保护那些含苞待放的牵牛花。有了琥珀看守，我当然睡得香啦！

可一大早天还没亮，我就被琥珀舔了一脸的唾沫。它咬着我的裤腿，一个劲儿地往后院拖。这下我的大脑警报一下子被拉响了——难道是牵牛花出了意外？还是赶紧去看一看！意外的是，到了后院并没有什么可怕的情景，相反，却是一朵朵小喇叭似的粉红色花朵簇拥在一起，随着清晨的微风轻轻摇摆，就好像一个训练有素的乐团在练习着表演曲目，真不愧是花中的勤娘子呀！

我可得请米粒和高兴来参加这场美丽的“音乐会”。不一会儿他们就赶到了，米粒看我一脸得意的样子，神秘地说她有能让牵牛花变色的神奇魔法。我直愣愣地盯着她，脸上写满了“不相信”。米粒赶紧用她一向良好的名誉担保，“魔法”一定会奏效。不过，想看“魔法”，得先

请她喝一杯新鲜可口的水果汁，然后准备一些材料：

1. 找两个小碗，分别装上一半水就行了。

2. 去洗手间找一小块肥皂，再到厨房舀一小勺白醋。

3. 把肥皂块和白醋分别放进两个小碗里。

准备好这些，米粒就开始施展“魔法”了。她小心地摘下一朵牵牛花，放进肥皂水里，大喊一声：“变蓝！”果然，粉红色的花就慢慢地开始变成蓝色了。我简直惊呆了，米粒又把变成蓝色的牵牛花放进白醋水中，大喊一声：“变红！”蓝花又渐渐地变成了红色。这太神奇了！我完全被眼前的“魔法”给迷住了，不由得用一种崇拜的眼光看着米粒，她现在在我眼里就是一个顶级的魔法师。

到了“魔法揭秘”时间，米粒才告诉我们，“魔法”的奥秘是牵牛花含有的一种叫花青素的淘气鬼。它是种色素，碰到肥皂水这样的碱性溶液会变成蓝色，碰到白醋水这样的酸性溶液又会变成红色。

原来是这么回事！这下，虽然米粒“魔法师”的身份被她自己揭穿了，但我好像更佩服这丫头了呢！

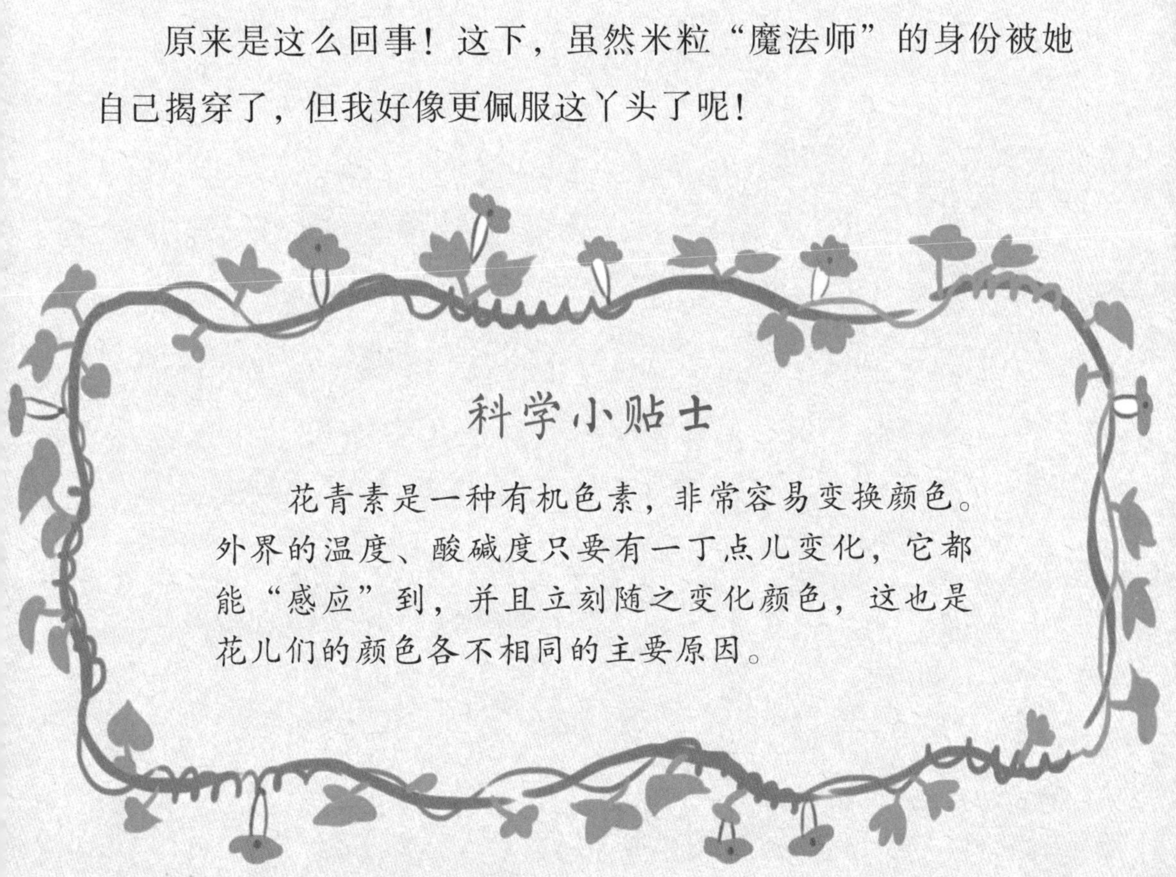

科学小贴士

花青素是一种有机色素，非常容易变换颜色。外界的温度、酸碱度只要有一丁点儿变化，它都能“感应”到，并且立刻随之变化颜色，这也是花儿们的颜色各不相同的主要原因。

5月21日 星期一 紧急警告

有时候我觉得高兴就像是外星人，根本猜不到他到底是从哪里得到这些稀奇古怪的植物来装饰他的植物园的。

不过，高兴很欢迎我来参观，但有个紧急健康警告：不能接近它们。

它们中的大多数都长得非常漂亮，但脾气却不如外表那么美好。比如滴水观音和万年青，高兴告诉我说，上次米粒因为误碰到了它们的汁液，手臂变得红肿而且奇痒难忍，幸好及时处理才避免了更加糟糕的结果。听他这么一说，我心想，最好的办法还是不要跟它们亲密接触吧！

正当我还在为这些植物只可以远观而感到可惜的时候，高兴却在一边斜眼看着我，一边翘起嘴角发出嘿嘿的坏笑声。我立刻警觉起来，因为这是高兴准备打我坏主意的前兆。他问我敢不敢尝试让黄瓜秧向我发动攻击。唉！我能怎么办呢，虽然很危险，

但这实在是太吸引我了。

面对危险的行动必须慎重，得做足准备。我们需要两样法宝：一根木棍和一颗足够勇敢的心！

我的任务是小心地用木棍接触黄瓜秧卷须的尖端。而高兴则躲在五米开外的地方，他说这样做能观察得更仔细。

很快，黄瓜秧好像意识到了“敌人”的侵入，卷须开始缓慢地运动，高兴低声说它是在为缠绕木棍做准备。为了个人安全，我把木棍固定在支架上，飞速退到高兴的身边。

没过几个小时，黄瓜秧就像线圈一样把木棍紧紧地缠住了。

啊！我看我还是尽快离开这个地方吧，如果再在这里逗留，黄瓜秧把我当成另一根木棍也说不定。

科学小贴士

我可不会轻易向“恶势力”低头，很快我就酝酿出一个特别的方法，让那些黄瓜秧离我远远的。那就是在我的反方向，而且离黄瓜秧比较近的地上插上木棍。这样黄瓜秧就不会在我身边纠缠，我也能留出足够的空间来进行植物学的研究工作，真是一举多得！

5月25日 星期五 小植物，大发明

今天，我们约好去米粒的新家玩。我们可是准备好了要在那里“大闹天宫”一番的。

等到了米粒家，高兴在楼门口“钉”住了，他抬头看看楼房，又歪着脑袋好像在想什么。看到他这番举动，我也仿佛嗅到了什么信息的气味。突然，高兴指着楼房大声嚷嚷道：“这楼房好像那个……那个……就是那个！”他着急地拍着脑门儿，“哎呀，一下子想不起来了！”这时，米粒从家里出来了，看到高兴那副焦急的样子，从背后拿出一株看上去很普通的小草，乐呵呵地问："你想说的是不是这个呀？"高兴看到它，眼睛一下子迸发出了光芒，大喊："对！就是它，车前草嘛！"

"什么呀？"我被他们搞得云里雾里的，完全不知道这株车前草到底有什么魔力让高兴这么激动。经过他们一番七嘴八舌的解释，我才明白：以车前草为代表的一些植物，它们叶子的生长和排列非常巧妙，能让每片叶子都充分地照射到阳光。米粒家的楼房设计就受到了这些植物的启发。这种楼房整体上呈螺旋式，能使每个房间都享受到明亮、温暖的阳光，弥补了普通楼房在这方面的不足。

经过门口这番"波折"，我对这栋楼房兴趣大增。不过，眼下还是继续"科学小超人"的探险旅程吧！

玩得正高兴呢，突然米粒遇到了麻烦——她连衣裙上的拉链坏了。不过，有我这个聪明的大学问家，这些小问题很容易就可以解决了——只需要找来一些尼龙搭扣缝在米粒的裙子上就行。

这个伟大发明的“始祖”，其实就是草丛里那些不起眼的苍耳。它们身上长满了钩刺，很容易就钩挂在小动物的皮毛上。我凑到他俩耳边，神秘兮兮地告诉了他们一个大秘密：“苍耳给人们的启发可是用到了航天员身上，飞上了太空呢！”

其实只要戴上“绿色眼镜”看一看，我们身边很多发明的灵感都是来自于植物呢！像直升机的螺旋桨就是模仿了枫树等种子制造的。我们“科学小超人”可不会放弃任何一个学习的机会，我们各自准备了一个小本子，把平时的奇思怪想记录下来，说不定哪天，这些小灵感会在我们的生活中派上意想不到的大用场。

科学小贴士

直升机可是枫树种子的忠实粉丝！枫树种子长着翅膀一样的翅片，它能利用这对特别的“旋翼”被风吹动旋转，传播到远处。枫树种子下落时，自旋的形状类似于直升机。只要稍微仔细地观察一下就不难发现，它们的“旋翼”可是非常相似的。

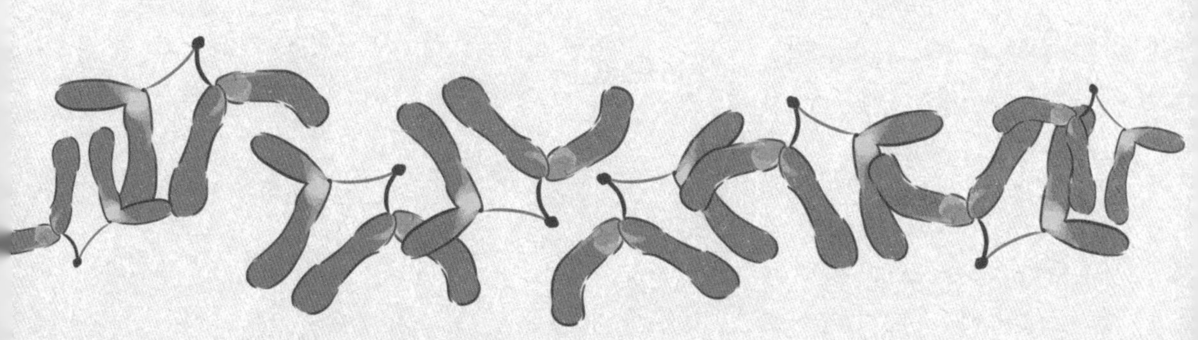

5 月 29 日 星期二

植物吉尼斯

今天是个幸运日，一大早我就收到一个大号信封，是来自植物博物馆的邀请函：

“亲爱的童晓童同学，感谢你对绿色研究的支持。欢迎你和小伙伴们来参加本次植物吉尼斯展览。”

等等，信封里好像还有些什么。我用剪刀把开口剪得更大一些，便于倒出里面的神秘物体。原来是一棵小树的标本，上面还挂着一块牌子“世上最矮的树——矮柳”。我用尺子量了一下，它才 5 厘米高。天哪！还没有妈妈早上从菜市场买来的蘑菇大。

一想到要去神秘的植物博物馆，我兴奋得一蹦三尺高，恨不得马上飞过去告诉米粒和高兴。这么有趣的事情，怎么能少了我的好哥们儿好姐们儿呢！

我们作为贵宾，受到了植物博物馆最高级别的待遇，得到了一张用树叶制成的贵宾门卡。

一进门，我就被展柜上一瓶乳白色的液体吸引住了，刚想凑上前去，就被米粒一把拽了回来。“小心！这可是装箭毒木汁液的玻璃瓶！”她把我的目光引向一边的标识牌，我定神一看，不由倒吸一口冷气——嗬！这瓶小玩意儿竟然是世界上最毒的树汁！小小一滴碰到伤口就足以致命。我想带着它以防博物馆里会出现一些可怕的怪物，但讲解员说这太危险了，为了我的人身安全委婉地拒绝了我。

于是，我们朝植物博物馆更深处走去。

一进展厅，我们就立刻捂住了自己的鼻子，只靠嘴呼吸。这里的气味真是想让人放声尖叫。米粒甚至不顾形象地大吼："太臭了！我一分钟也忍不了了！简直比猪圈还臭！"

很快，高兴就找到了这些气味的来源——世界上直径最大的花大王花和最高的花巨魔芋。

大王花的直径有 1 米多，而巨魔芋的体重相当于我和高兴两个人的体重之和。它们散发出来的味道就像腐烂的肉一样，能吸引苍蝇来传粉。要知道这令人震撼的腐败气味对苍蝇具有无法抵挡的诱惑力，但我们可受不了，不得不尽快离开这个地方。

走到博物馆后院的大池塘，我们看到了世界上水生植物中最大的叶子——王莲的叶子。它的直径足足有 2 米，而且十分结实。我们一致决定派出米粒去和王莲合影，米粒试探性地伸出一只脚踩了踩王莲叶子，看看是不是结实，生怕它会承受不住自己的重量。但王莲没让我们失望，它叶子背面以及叶柄上坚硬的刺和放射网状的叶脉，绝对不会让米粒一头栽到水里去。

科学小贴士

大王花还有一个绰号叫“大懒花”，它一生只开一次花，而且是个不折不扣的“寄生虫”，多靠寄生在一些藤本植物的根茎下部来吸收养分生活。

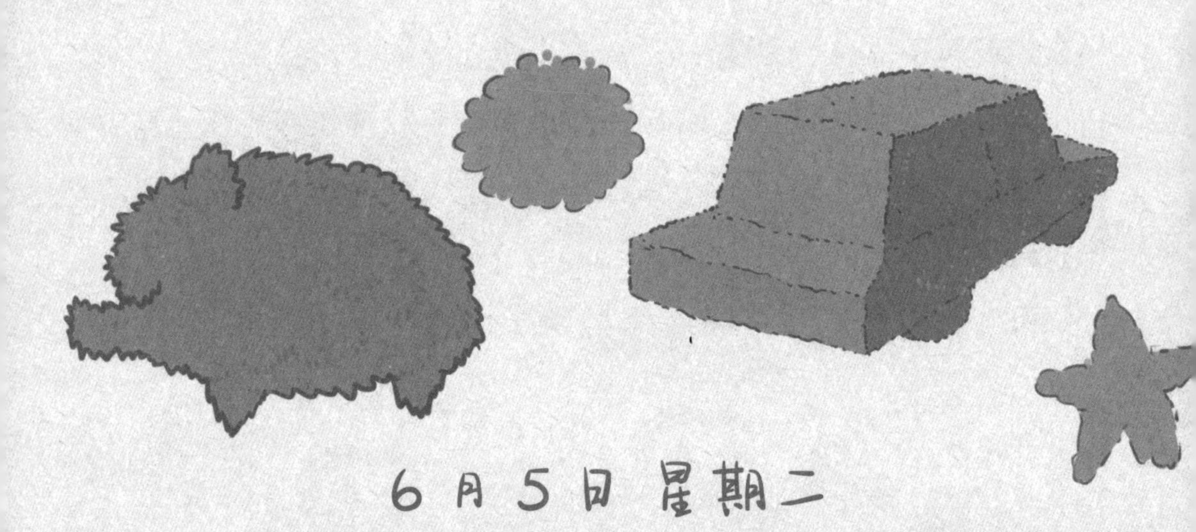

6月5日 星期二
“科学小超人”的绿色标识

我透过门缝看着门口的小花园，有点儿不敢相信自己的眼睛。就一个晚上的时间，门口那些灌木都变了形状。它们被修剪成圆形的小猪和方形的小汽车。看来绿色植物们变身后，又以另一种形态美化了我们的生活环境。我猜这一切变化都是为了迎接今天这个特殊的日子——世界环境日。

走出家门，我明显感觉空气都变得新鲜了许多。哈哈，我知道那些污染空气的灰尘可都是被繁茂的植物叶片和潮湿的泥土粘住了。

我准备搬些爬山虎给高兴送去，自从这些植物常驻我们小区花园以后，我更喜欢去找高兴玩了。叶片之间的空隙像黑洞一样吸收掉了不少高兴唱歌时发出的不和谐音。嘿，这可是个小秘密，不能让他知道。

去高兴家的路上，我碰上米粒正带着她的新宠物绿毛龟晒太阳。天哪！米粒也太懒了吧，她的乌龟都长绿毛了！米粒瞟了我一眼，说这是一种神奇的乌龟，它身上的毛才不是因为主人偷懒长出来的，那可是一种名叫龟背基枝藻的植物。哈哈，没想到现在乌龟都这么热爱环保啊！

趁着今天这个好日子，让我概括一下我的绿色目标，简单说就是：每天都有绿色相伴！为此我还设计了一个很炫的标识叫“绿色城市”。

灵感这种东西，说来就来。标识设计到一半，我又有了一个新的想法：如果在植物上“画”上我设计的标识送给米粒和高兴，用来表彰他们“英勇”的绿色行动，他们一定会特别感动吧！我都能想象出高兴傻笑的样子了。

标识的字样已经准备就绪了（当然也可以是其他图形或者字样），我把它们画在纸上，大小比植物的叶片小一些，再用剪刀剪下来。我可从来没这么细心过，弄得我都快成斗鸡眼了！唉，谁叫这个标识代表了我们“科学小超人”的心愿呢，我肯定得好好干呀！

接下来就简单了：我精挑细选了几株开得最旺盛的盆栽，将剪好的纸片固定在盆栽的叶片上。

哈哈！好戏还在后头呢。我把固定好纸片的盆栽放在阳光下。等过几天，再把纸片拿开，就是见证奇迹的时刻了！

科学小贴士

叶片上的剪纸阻挡了阳光，被挡住的部分吸收不了阳光，就无法合成叶绿素。只要过几天，拿下剪纸，就会发现纸片下有“绿色城市”的淡绿色字样。当米粒和高兴收到我童晓童独家授权的表彰礼物时，他们一定会对之后的绿色行动更加充满信心！

6月12日 星期二 果子的秘密

一天到晚闲不住的高兴，一大早就拿着一堆叶子送给我和米粒，声称要让我们三个人各自的小庭院建立盟友关系。这些他在自己院子里收集到的残株、落叶就是信物，它们将会在我们院子的土壤里进行生物分解，产生代谢产物，帮助我们院子里的植物更好地生长。

可我总觉得高兴的目的不单纯，因为他一直虎视眈眈地看着厨房那一大筐水果。好吧，为了表现出我对“庭院盟友”的诚意，我决定邀请他俩开场水果派对。

嘿，还没等我完全打开筐子，高兴就闻到苹果的味道了！可别说，高兴的鼻子是真厉害！要知道在水果世界里，每位成员都有独特的香气，光是苹果“家族”就有几十种不同的香气。而高兴不仅能从一堆苹果里闻出最甜的那一个，还能闻出这是我妈妈从对街市场买来的。我当即赐予他“神鼻”的称号。

为了在没有高兴的情况下也挑到美味的水果，我和米粒一脸期待地欢迎高兴分享经验。高兴说，分辨水果好不好吃可没那么容易，要从颜色、香味，甚至手感等各方面进行考察！

他挑出一个红彤彤的苹果和一个略显青涩的苹果放到我们面前，颇有一副学者的架势。高兴一本正经地说，水果色彩缤纷是因为体内含有大量的天然色素，而没有成熟的果子体内含有较多的叶绿素。然后，他指了指那个青涩的苹果，瘪着嘴做出了“好难吃”的表情。

当然，每种水果里所含

的天然色素不同，像菠萝里含量最多的是黄色的叶黄素，柿子里则是红色的番茄红素。

另外，未成熟的水果体内大多是原果胶，这让水果口感坚硬、不好吃。高兴拿起那个红彤彤的苹果，闻了闻，两眼放光地说："不过，果子成熟的时候，原果胶会经过水解变成果胶，果肉也会变得松软可口起来。"说完他便一口咬下去。

我和米粒看着滔滔不绝的高兴，简直大吃一惊！看来高兴为了吃，真没少下功夫啊！忙着嚼苹果的高兴叮嘱我们，切开的水果一定要尽快吃掉。因为切开之后，水果表皮的“保护墙”被破坏，会被氧气入侵，被氧化的水果会变黑，口感也会比新鲜的时候大打折扣。

没多久，妈妈回来了，她说昨天在对街市场买苹果的时候，正好遇见高兴。我和米粒多少有些失望——什么“神鼻”啊，“大话精”还差不多！

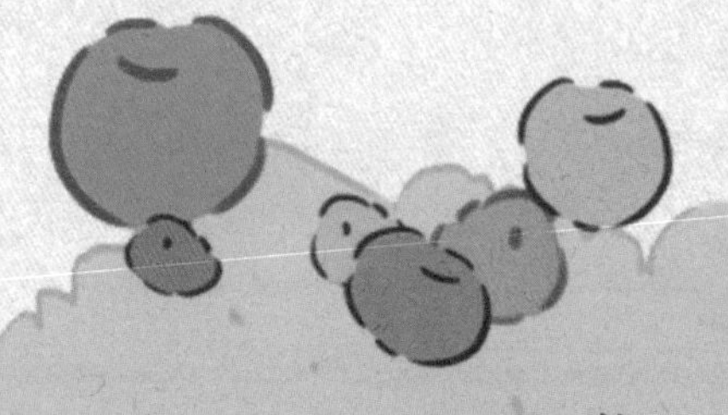

科学小贴士

高兴为了挽回颜面，说了一个防止切开的水果变黑的小秘诀，就是利用水来隔绝氧气。既然氧气是让水果变黑的“元凶”，那就另找一种“保护墙”，把氧气挡在外面。简单地说，要想让苹果片在较长一段时间里不变黑，只要将苹果片泡在水里就行了。

6月16日 星期六 室内花园

我在床上躺了一上午，思考能一睁开眼就看见绿色的方法。后来我发现，躺着是无济于事的，我必须得行动起来，去创造一个室内花园。最简单的方法就是去集市购买一些室内植物。

像虎尾兰、玉树这些不需要太多阳光的植物，只需要给它们一个温暖清洁的房间和适量的水就可以很好地生长。

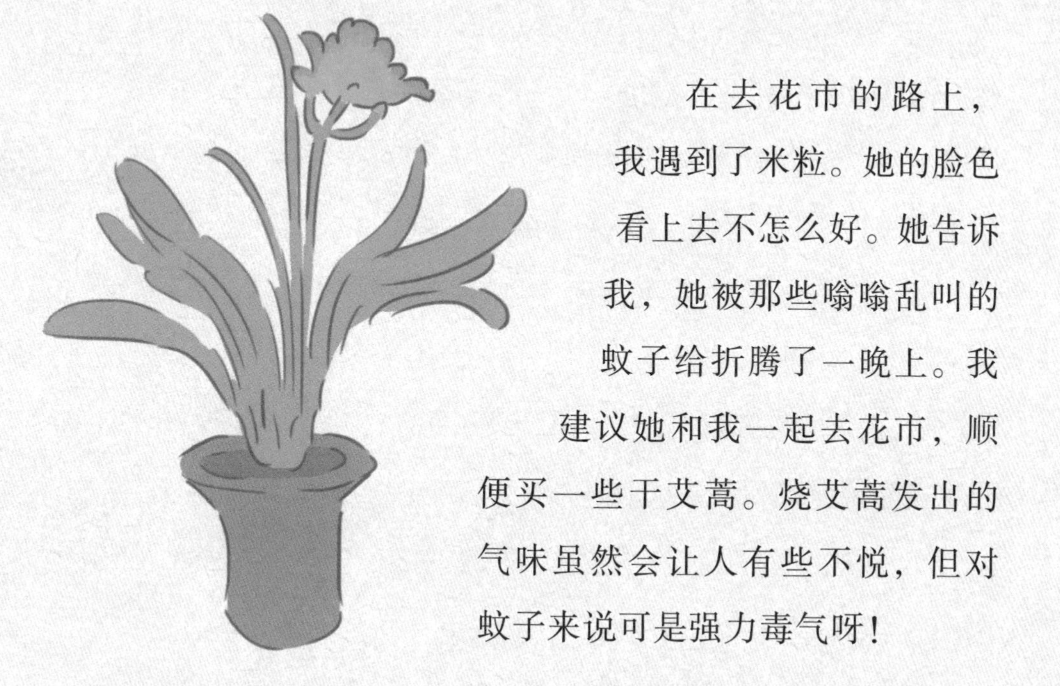

在去花市的路上，我遇到了米粒。她的脸色看上去不怎么好。她告诉我，她被那些嗡嗡乱叫的蚊子给折腾了一晚上。我建议她和我一起去花市，顺便买一些干艾蒿。烧艾蒿发出的气味虽然会让人有些不悦，但对蚊子来说可是强力毒气呀！

花市上有好多有趣的植物。我给高兴挑了一盆君子兰，这种既养眼又能吸收二氧化碳的植物就是为总是紧闭门窗搞研究的高兴量身定做的。不过在我看来，也许他把窗户开个小缝效果会更好。

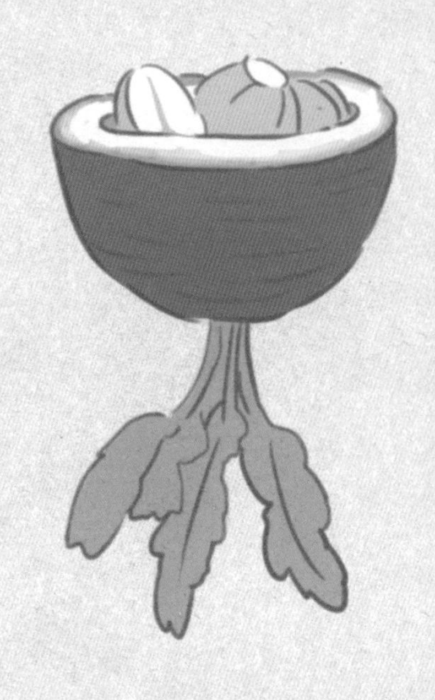

在米粒和高兴的帮助下，我将买来的室内植物摆在房间的各个角落。看着我们的劳动成果，我想我的室内花园工作完成得还挺不错，可我总觉得缺了些什么。我绕着房间走了一圈，突然发现了重点：缺了创意！我用食指顶着太阳穴，大脑开始快速地运转，立刻有一个绝妙的主意闪现在我的脑海里——用萝卜和洋葱自己动手制作一个盆栽。

制作创意盆栽需要准备半个红皮萝卜，还得是长叶子的那一半。用小刀把中间挖空，弄成一个碗的形状。我们幸运地得到妈妈的支援，顺利完成挖萝卜这个危险的任务。

然后找到洋葱，帮它脱掉“外衣”——也就是外面那层老皮。这可不像想的那么轻松。

可怜的米粒用剥了洋葱皮的手揉了一下眼睛，立马就被这“小型催泪瓦斯”给弄得泪流满面。一边的高兴看了，脸色一变，转眼就跑到房间找到我的泳镜戴上了。

我们一把汗水一把泪地折腾了好一会儿，终于把剥了皮的洋葱根部朝下放进萝卜碗里了。用尼龙绳缠住萝卜挂起来，再往萝卜碗里装上一些水，我们的自制盆栽就完成了。

当然，别小看了我们的自制盆栽。它可是活体装饰，用不了几天洋葱和萝卜碗就都会长出叶子来。前提是，不要忘记给它们按时浇水哟！

科学小贴士

每到端午节，我都会在米粒和高兴家门口插上一大束艾蒿，不仅能驱虫还能增加节日气氛。不过，去年我放得太多了，他们两家虽说百虫不侵，可是连门也打不开了。最后我想了个办法，用艾蒿的嫩叶子打成泥，和糯米粉一起做成我国南方的一种传统美食——艾草糍粑，这才平息了他俩的怒火。

6月22日
星期五
植物中的白衣天使

早上起来，我觉得整个房间都在晃动。起初我还紧张是不是发生了地震，后来才发现是自己发烧了。这次我可真得感谢米粒，患难见真情！她及时送来了退烧药，让我不断飙升的体温终于踩了急刹车。

“这药还真神奇呢！”我的赞美就像给米粒安装了发动机一样，她眼睛一亮，兴高采烈地说起了药用植物，还有那个盛产药用植物的地方——亚马孙雨林。说那是个天然的绿色药房，可一点儿也不夸张。在亚马孙热带雨林里，有不少植物能够发挥止疼药、泻药、抗生素的作

用。发现这些草药的大功臣就是当地的土著人。据说在他们那儿，光痢疾的治疗方法就可细分成上百种，当然都是用植物医治。

嘿嘿，我还真没想到有些植物还是我们身边的白衣天使呢！我翻弄着米粒送来的酸酸甜甜的桑葚，塞了几颗到嘴里。米粒说它们不仅香甜开胃，还是天然的零食，可以满足高兴贪吃的嘴巴。我想，对高兴来说这可是个天大的好消息，但前提是要保证果子是成熟的。

我和米粒完全被植物界的白衣天使们给深深折服了，完全没有注意到给我们送来水果的妈妈。我妈妈真不愧是我最大的

支持者，不仅没有责怪我的“目中无人”，还给我出了一个新鲜主意。她告诉我，像清凉的薄荷、增进食欲的百里香这些新鲜的草药也很好吃，而且我们可以用很简单的方法把它们保存起来，供以后使用。

按照妈妈的指令，我找到一些橡皮筋，把薄荷、百里香等植物的茎分别捆起来。这些植物可都是来自于我的花园哟！

妈妈把我捆扎好的植物用绳子绑到晾衣架上，挂在室内的小阳台上，这大概是我家最温暖、最干燥的地方了。

挂上一周左右，我们就能得到干燥的植物香料了。

干燥的植物香料用手指很容易就能够碾碎，然后再把它们装进干净的瓶子里。

最后，千万不要忘记给这些瓶子标记好名字。不然等要用时，面对一大堆无法辨认的香料瓶子，一定会感到很烦恼的。

科学小贴士

能够让高烧退下来的奎宁就是用金鸡纳树皮制造出来的药剂。但有很重要的一点必须要记住，金鸡纳树皮在植物时期是有毒的，只有通过将其中的奎宁成分提取出来，才能帮助我们恢复健康。不过，我想也不会有人真的跑去啃树皮吃吧！

6月29日 星期五 食物树

最近我的好胃口能让高兴都甘拜下风，这让我不禁担心食物的生产量会跟不上我的进食速度。看来我得另想办法——自己种植物吃！我想种的植物有很多，例如西谷椰子树，只要切开它的树皮、树干，取出含淀粉的木髓磨成粉，在水中洗涤后过滤晒干，就能得到制作西米的原材料——西米粉。还有来自非洲的猴面包树，它的果实经过烘烤就会变得像面包一样松软可口。光是想一想，我的口水都要流下来了。

咕噜噜——突然我的肚子里发出了奇怪的声音，我意识到午饭时间到了。在这方面，我的胃可是比闹钟还要准时。

看来，要等到我种出“食物树”再吃东西，我一定会饿死的。我决定还是暂时搁置一下我的宏图大志，先填饱肚子才有力气种植那些能吃的植物嘛！

我突然想到，昨天高兴给我送来两个从猴面包树上摘下来的面包果，我决定用它们来制作一份绿色健康的午餐。

我把猴面包果去核切成块，放到烤箱里烘烤成金黄色，然后拿出来，香喷喷的烤猴面包果就完成啦。当然，如果没有猴面包

果，可以用两片面包来代替，它们和烤熟的猴面包果的口感差不多。

趁着烘烤猴面包果的时间，我在平底碗里均匀地涂上一层植物油，敲进一个鸡蛋，用牙签在蛋黄膜上乱扎一通，以防蛋黄在微波炉里受热膨胀，喷得到处都是。搞定这些后，就可以放入微波炉里了，高温 40 秒后，就可以方便安全地得到一个煎蛋。

猴面包果和煎蛋混合的香味充斥我的鼻腔，我口水都快流下来了！洗干净两片从院子里采来的新鲜生菜，和煎蛋一起夹在两片猴面包果中间，我的午餐就算完成啦！

对了，千万不能忘了最后一步，在餐巾纸上用水笔写上“童晓童”作为装饰，这可是我的独家餐点标志。高兴对我做的午餐的评价是：如果中间能夹些肉就更加美味了！

科学小贴士

对于植物来说，最富有营养的部分就是它的种子了！满满的蛋白质、脂肪和碳水化合物等，都是为了让种子里的那个小生命“种胚”茁壮成长。就像高兴成天忙着吃，号称“补充营养”一样，种子只有储藏丰富的营养，才能萌发出幼苗。

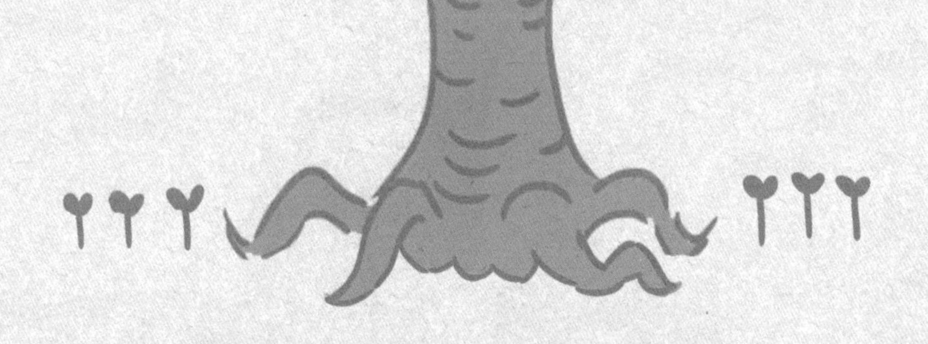

7月1日 星期日 神奇的绿色储水器

我今天不停地喝水，尝试和澳大利亚神奇的瓶子树一样把水藏在肚子里，盼着接下去的好几个星期都不用再喝水了。

下午3点，我不得不让这些水离开我的身体了，因为我的肚子已经鼓得和水球一样，走起路来里面的水都在咕噜咕噜地晃荡。

高兴建议我，如果没有像仙人掌一样能储存大量水分的茎，

还是别一下子灌那么多水。况且我们今天还要留着肚子，好品尝米粒说要带给我们的美食。

5 点的时候门铃响起了，是米粒！她带来了墨西哥的一种特色美食——居然是仙人掌！可这仙人掌和我们家养的相比简直是巨人，无论身高还是体形，家养的仙人掌都比不过它！它可是专门用来食用的仙人掌。难为米粒顶着骄阳一路骑着三轮车送它过来。想要品尝它可没那么容易，因为它实在是太庞大了。我们三人齐心协力才成功地用小刀切开它的顶部，我都累趴下了。不过当我们用吸管吸出里面的果肉和汁液的时候，不是我吹牛，那口感酸酸软软的，真是不错！

高兴光顾着吃喝，没当心仙人掌身上长的根根长刺，被扎了一下，疼得他哇哇直叫。看来在品尝美味之前，得先把这些长刺剪去才对。高兴含着自己挂彩的手指，非常担心自己嫩白的小手会因此留下疤痕。然而，我和米粒可没空理会他——我们正忙着研究仙人掌的神奇功效呢。要知道这仙人掌可不简单，就拿我们刚刚吃的食用仙人掌来说，它含有人体必需的多种氨基酸和微量元素。

我可得把剩下的仙人掌切块放好，不管煎炒炸煮，它都能成为一道营养丰富的美味啊！

可这次米粒却没和我想到一块儿去，她找了个玻璃瓶，耐心地在一边收集着仙人掌的汁液。她告诉我说，这可是天然的美容液，用它涂在脸上，15 分钟后用水洗净，具有美白补水的功效。

当然，做这些的前提是，千万不要重蹈高兴的覆辙，必须时刻小心那些扎人的长刺。

科学小贴士

芦荟和仙人掌身上的短刺，其实就是它们的叶子。只不过在干燥炎热的环境下，为了防止体内的水分随叶面蒸发得太快，所以它们的叶子渐渐地退化成尖细的刺。刺状的叶子也是它们保护自己的武器，抵挡一些想要侵害它们的小动物。

7月16日 星期一 苦肉计

中午，米粒和高兴带了些礼物来给琥珀。仔细一看，原来是米粒家葡萄架上的葡萄。琥珀显然很高兴多了这些饭后甜点，虽然它的长毛让我们有些看不清它闪光的眼睛。

这些刚采摘回来的葡萄可以放在掺了少许面粉的水里搓洗一下，除去表面的污垢。

高兴塞了不少洗干净的葡萄在嘴里，鼓囊着嘴一顿“机枪扫射”，把嘴里的葡萄核全部吐到了门口的泥土地里。

显然他觉得还不够，嘴里仍然在咀嚼着葡萄，准备着他的下一轮扫射攻势。不是我说，高兴塞着满嘴葡萄还幻想着葡萄秧从泥土里长出来的样儿，别提有多逗了！

就在我偷笑时，高兴又一口塞进了几颗葡萄。

“呸！好苦！”刚嚼了一口，高兴就把葡萄吐了出来。他赶忙往嘴里补上一颗糖，然后解释说，他刚刚吃到一颗没成熟

的葡萄，那味道差点儿把他的舌头给麻醉了！好吧，既然这么可怕，我就原谅高兴刚刚浪费食物的行为吧。

米粒说，未成熟的葡萄皮是青的，味道苦涩，就是为了让和高兴一样贪吃的小动物都敬而远之。等它们成熟了，自然会发出甜蜜的信号吸引鸟兽和昆虫来吃，好帮它们传播种子。植物的这招“苦肉计”可真高明！

我们来到了米粒家，花了不少时间从已经采摘下来的葡萄中挑出了还青涩的葡萄，在竹篮里垫上了一层泡沫纸挂在米粒家的葡萄架上作为它们的临时小屋。等过几天它们成熟了，我们就可以取回来享用美味。现在就算高兴再想吃也没用，除非他的舌头还想再做一次“麻醉手术”。

科学小贴士

葡萄是地球上最古老的植物之一。在世界水果生产中，葡萄的产量一直位居前列，它从皮到籽都是宝，是人们心中的“水果之神”。一般情况下，葡萄生长区的日照越充足、气候越干燥、早晚温差越大，葡萄的口味就越浓郁、营养价值越高。葡萄皮中的提取成分有降血脂、增强免疫力的功效。葡萄籽提取物则具有超强的抗氧化作用，是延缓衰老、抗过敏的明星，同时它还可被加工成营养价值颇高的葡萄籽油。葡萄果肉中的糖主要是葡萄糖，可以缓解人体出现的低血糖。果肉中的多种果酸有助于消化，适当多吃葡萄能健脾、健胃。

7月19日 星期四

你闻到了吗？

今天我们散步路过一片刚刚修剪过的草地时，闻到一股植物特有的气味，但又不像花香。这个味道按米粒的说法就是，被太阳烘焙过的香草蛋糕的味道。

不过要我说，这应该是小草被腰斩后的“草腥味”，是植物内含的芳香油的味道。它们有些还可以用来做调味料、药品和化妆品呢！上次妈妈带回了一瓶名叫“修剪后的草坪气味”的香水，应该就是提取了这芳香油的味道！

等一下，高兴好像发现了什么！他蹲在花丛中，用鼻子使劲儿地拱着花心，猛一抬头沾了一鼻子花粉，不明白的还以为高兴打算帮助花授粉呢！高兴挠挠头解释说，他只是想更清楚地闻闻花朵里芳香油的味道。话音刚落，米粒忍不住咯咯笑了起来。

米粒告诉我们，花朵中的油细胞是在花瓣中的，带有香味的芳香油都由此分泌出来，再随着水分挥发到空气中，钻进我们的鼻子里。所以想闻到花香只要稍稍靠近花瓣就行了，也可以避免沾一鼻子花粉。

走过草坪没多远，我们就闻到了家门口那株茉莉花传来的诱人香味。米粒说如果我和高兴能帮助她搜集一些茉莉花的花瓣，她就能帮我们把花香储存起来。米粒总能提出吸引我的建议，我们立即就行动起来了！

其实在花丛下捡些花瓣并不难，我和高兴很快就收集到了一大袋花瓣。

米粒把捣碎花瓣这个任务交给了我。我把花瓣放到蒜臼里，慢慢地捣成了花瓣糊。

新鲜的茉莉花瓣糊完成啦！接着，米粒就开始施展她的花香储存术了。她把茉莉花瓣糊装进玻璃杯里，并往里面倒了纯度 95% 的酒精，然后把杯子严严实实地密封了起来。

米粒告诉我们，一星期后，打开瓶盖就可以闻到非常浓郁的茉莉花香了。现在没有什么能比在卧室里闻到满屋子茉莉花香更让我期待的事情了。

科学小贴士

在密封的瓶子里，花瓣中的香气精灵会和酒精融合在一起。等我们打开瓶盖之后，酒精挥发到空气中，而和酒精抱成一团的香气精灵也会被带着一起跑出来，这样我们的卧室就会充满花香了。

7月25日 星期三 生命之钟

我从被窝里探出头又缩回去，时钟“嘀嗒嘀嗒”的声音总是吵得我睡不好觉。哼，我要拔掉电池让你出不了声！至于怎么看时间，我有一个绝妙的主意。

我到高兴家的时候，发现米粒也在。嘿，这真是太棒了，我正需要他们帮助我制作一张生物报时钟的表格：

时间	凌晨三点	凌晨四点	凌晨五点	早上七点	上午十点
品种	啤酒花	牵牛花	野蔷薇	芍药花	半枝莲

看来表格制作很成功，接着只要在后院种上这些植物，我就有了一个天然的花钟，并且可以彻底远离那个烦人的闹钟了。我正雄心勃勃地打算去花鸟市场把表格上所有的花都买下来，却被米粒泼了一盆冷水。她提醒我，这些花的生长条件和开花季节都不一样，让它们在我家花园“安居乐业”都很困难，更别提天天准点报时了。

“花钟报时”的伟大设想只好暂时搁置。不过我们转眼又

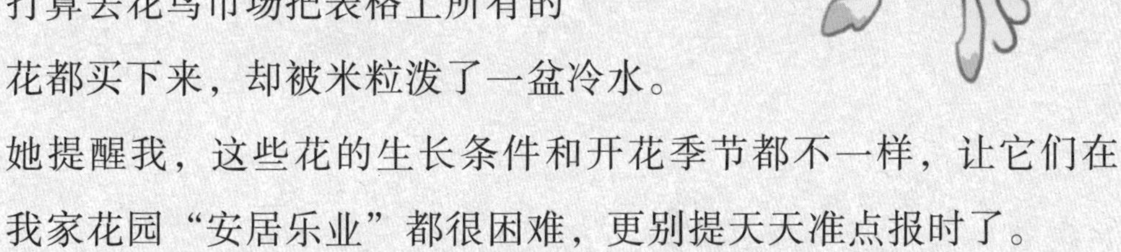

中午十二点	下午三点	下午五点	晚上六点	晚上八点	晚上九点
鹅肠菜	万寿菊	紫茉莉	烟草花	夜来香	昙花

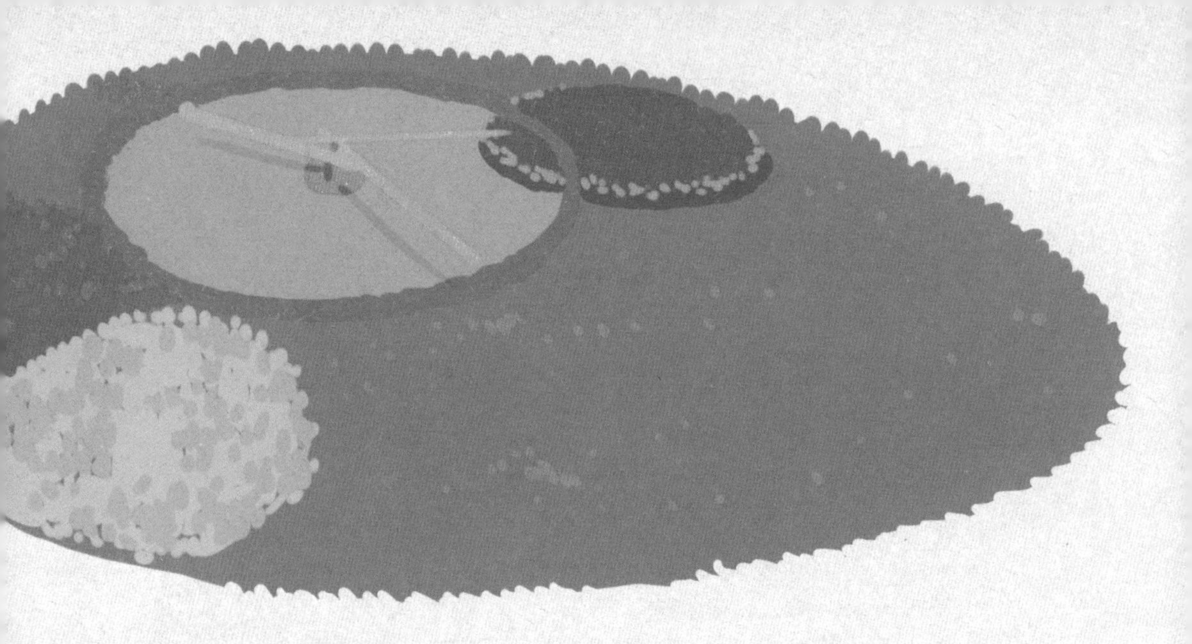

想到了新花样，让自己能看到 24 小时盛开的花。方案就是——做个花模型。我们可是行动派，有了想法就要马上实践！

做一朵花模型，得先收集点儿材料，包括铅笔、剪刀、彩色的卡片纸、几根能弯曲的吸管以及透明胶带和一团橡皮泥。

接下来我们就可以开始动手制作了。

我在抽屉里找到一些绿色的卡片纸，先把它们一张张对折起来，然后用铅笔在折后的纸上面画一片叶子，这样剪一次可以同时得到两片叶子。再找些红色橙色这种暖色调的卡片纸，在上面画出一朵鲜花的形状。当然，也完全可以照着鲜花的图片临摹。

用剪刀剪下这些图案的工作就交给细心的米粒了，很快我们就有了几朵花和一些叶子。

我们用铅笔在花的中心戳一个洞。这一步可没想得那么简单，必须得掌握好力度，不然就会和高兴一样——只得到花的碎片。

最后，选择一朵处理好的花，用吸管“攻击”中间的小孔，拿橡皮泥把吸管和花牢牢粘紧。这样我们就获得一朵小花了！咦，好像还缺了什么。仔细一看，原来是忘了把两片叶子用胶带粘到吸管中部。粘好叶子才算完整！

我尝试用不同颜色的卡片纸去制作这些花模型。没过多久，我就有了一座属于自己的永不凋谢的花园啦！

科学小贴士

早在1751年，瑞典植物学家林奈就早我们一步，在他的著作《植物哲学》中提到了“花钟”的概念。如今，在林奈曾执教过的瑞典乌普萨拉大学，就有这样一座花钟。另外，在爱丁堡、日内瓦等地，人们也种植了别致又美丽的花钟。

7月31日
星期二
穿着黄金甲的勇士

这两天，我的日子不太好过，因为我遇到了一些困难。当我想研究某些植物的时候，总是遭到它们的攻击。就像昨天，我看到了一些荨麻，我只是轻轻地抚摸了一下向它打个招呼，它的“回礼”却是让我的手像是被蜂蜇了一样，疼痛难忍，又红又肿。看来我得向我的小伙伴寻求一些帮助了。

显然米粒不会放过这个展现实力的大好机会，她告诉我，事实上并不是我运气太背，而是很多植物都穿着各种各样的“黄金甲”，以保护自己不受伤害。这是植物在生存斗争中进化出来的防御手段。虽然米粒是以劝慰的语气说的，可我总隐约感觉到她有些幸灾乐祸。不过米粒还是给我想了两个主意：一是想办法伪装成它们的样子，如果它们把我当成同类也许就不会发动攻击；二是离它们远一点儿。我尝试了第一种方法，用一些和荨麻叶很相似的桑树叶去伪装荨麻的同类，可事实证明它们并没有那么好糊弄。最后我们决定去警示一下粗心的高兴，以免他也被植物们的“黄金甲”给伤到。

可当我们到高兴家的时候却完全呆住了，高兴拿着把美工刀正气凛然地对着他家后院温室里种的杧果树挥舞着胳膊。如果

不是亲眼看到，我绝不会相信高兴会与一棵杧果树有如此深仇大恨。可不管出于什么原因，我们都应该制止他的这种行为。意外的是，高兴却说他这是帮助杧果树结出更多果实。他告诉我们，因为营养过剩，杧果树会使劲儿长个儿而减少开花结果。适当剥掉少量杧果树皮后，杧果树结出的果实要比之前更多更好，他还让我们和他一起对杧果树开刀。天哪，我不得不说，这是我见过最残忍的“帮忙”了。

至于我被植物袭击这件事情，高兴好像一点儿也不担心，他告诉我们一个绝妙的主意：既然不能伪装成植物的样子，那可以穿上一套“钢铁衣”，把自己严严实实地武装起来！

为了证实高兴想法的可行性，我们在厨房找到一些大大小小的铁质扁锅，用绳子绑在身上，把自己包得密密实实的像三个铁人，去挑战市中心温室实验室里那个叫马勃的家伙。它是一种菌类，别看成熟的马勃菌像南瓜一样呆呆笨笨的，但只要一碰到它，它就会“砰”的一声，爆裂开来，喷出褐色的粉末状孢子，就像一颗爆炸的“植物地雷”。

事实上我们虽然抵挡住了马勃菌的喷射攻击，却没抵挡住它的“催泪瓦斯弹”，它冒出的褐色浓烟把我们一个个熏得眼泪直流。看来想让这些穿着“黄金甲”的植物勇士们接受我们，还需要一段时间。

科学小贴士

把杧果树皮剥掉一圈，能帮助杧果树把养分留在环剥口上方，直接提供给花和果实，而不“流失”到根部。杧果果实吃到了好东西，自然一个个长得圆滚滚的。当然，我不得不提醒高兴：生长有风险，剥皮需谨慎。

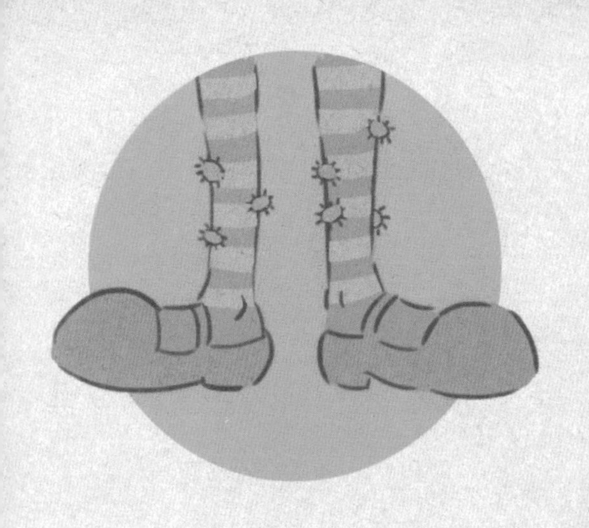

8月18日
星期六
带着希望旅行

再待在家里我们身上可就要长蘑菇了，所以“科学小超人”一致决定到郊外跟植物消磨时光。在郊外，米粒很快就找到了她的新伙伴——苍耳。那黄绿色长着小刺的家伙就像小饭一样黏人，紧紧地粘在米粒

的袜筒上。虽然这黄绿色的小刺球会扎到肉，但米粒还是挺乐意带着它们到处走走，顺便替它们传播种子。

高兴则变成了一头“北极熊”——他误入了蒲公英的领地，蒲公英的种子都飞到了他的头上。长着白色冠毛，像撑着降落伞一样的蒲公英种子，旋转着插进了高兴的头发里。高兴一甩头，它们受到了“惊扰”，便随风飘起寻找下一个着陆点，我们都被逗乐了。这让我想起了云杉的种子，它们号称“飞行将军”，长着酷似船帆的翅膀。有一次，我在家意外看到云杉的种子，我猜它是从 10 千米以外的云杉种植基地那儿长途跋涉而来。

看到米粒和高兴都玩得不亦乐乎，我意识到自己也得行动起来，加入他们的探险队伍。天上飞的、地上跑的他们都找着了，那不如我到水里找找。我真的不得不佩服自己的聪明才智，不一会儿我就发现了睡莲种子随着河流漂了过来，但我不打算把它们打捞上来，免得自己变成落汤鸡。

米粒说，椰子树的果实椰子在海面上漂浮，几千千米长途对它们来说是小菜一碟。它们不怕狂风恶浪，不怕海水腐蚀，一旦遇到气候适宜的海岛、沙滩，就能生根、发芽，形成椰林呢！

我不禁赞叹，这些植物种子太有智慧了，会利用大自然的一切资源，有的飞翔，有的游泳，个个都是运动健将。像樱桃和葡萄甚至不惜用美味的果实吸引动物吃掉，让不能被消化的种子，随着动物的粪便排出，来传播自己的后代。我还要为它们的独立精神竖起大拇指，它们一点儿都不怕离开自己的“父母”。因为如果生活在“父母”身边，难免会和它们争夺阳光和水，那就不妙了。

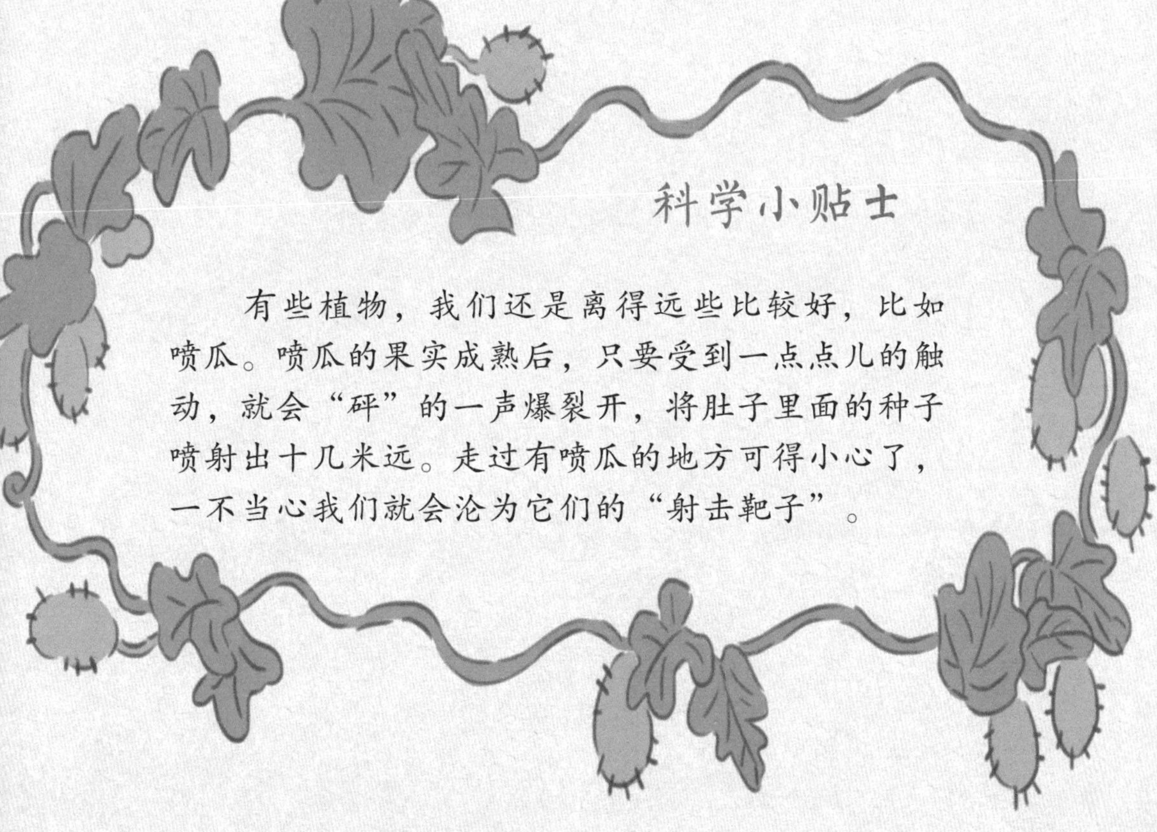

科学小贴士

有些植物，我们还是离得远些比较好，比如喷瓜。喷瓜的果实成熟后，只要受到一点点儿的触动，就会“砰”的一声爆裂开，将肚子里面的种子喷射出十几米远。走过有喷瓜的地方可得小心了，一不当心我们就会沦为它们的“射击靶子”。

8 月 20 日
星期一
嘿！瞌睡虫

高兴最近老在深夜里工作，所以白天总是迷迷糊糊的，圆咕隆咚的脸上留了俩黑印子，成为了我们身边的国宝——“熊猫高兴”。他故作神秘地告诉我，晚上后院里的一些植物会趁着我们睡觉的时候打瞌睡。

在我看来，晚上不睡觉就和看恐怖片一样，都有点儿危险。但是植物也会打瞌睡？这事儿太蹊跷了，我怎么也得冒一次险去和高兴观察一下后院的“瞌睡虫”们。

我们一定隐藏得很好，那些“瞌睡虫”完全没有发现我们。在温柔的月光下，白天意气风发的酢浆草和红三叶草，像娇羞的少女一样蜷缩了起来。胡萝卜花一定是年纪大了，它的头垂着向下一磕一磕的，就像一个小老头儿。就连时不时就会伴着音乐跳起舞来的跳舞草也停止了舞步进入梦乡。

我完全沉迷在那些“瞌睡虫”千奇百怪的睡姿中了。高兴好像很满意我如此欣赏他的研究成果，他说如果我能保持安静，他就带我去看一下黑暗中的守护女王——晚香玉花。我立即用手在嘴上做出一个拉拉链的动作，这么有趣的事我当然不能放过。

晚香玉花在我印象里可是一个大懒虫，白天一直都合着花瓣在睡觉。没想到夜幕降临，它竟然开放起来。在一片寂静中，晚香玉花散发出格外迷人的花香。我们躲在篱笆后面一动不动，

生怕一发出声响就会打破这寂静的美妙的夜晚。

高兴的爸爸告诉我们，在辽宁普兰店的泥炭层里，科学家们曾发现了一些因为没有适合萌芽的外界环境而进入休眠状态的莲花种子。经过科学家测定，它们睡了约一千年！当科学家们给它们创造了舒适的条件后，才成功把它们唤醒，长出了翠绿的荷叶，开出了饱满的粉红色莲花。这些“睡眠中的种子公主”这一觉睡得可真够久的呀！

科学小贴士

植物在夜间“打瞌睡”是为了减少热量的散失和水分的蒸发，和人一样，“打瞌睡”能帮助它们生长得更好更快。所以我必须警告高兴，他不能再在半夜进行他的科研活动了，不然他可能会停止生长！

9月1日星期六
植物中的指明灯

上周末我和米粒受邀去高兴的爷爷奶奶家里度小假期。晚上，我们决定出去探险，在我翻箱倒柜找手电筒的时候，高兴却在一边捂着嘴偷乐。他向我挤挤眼睛，说："用不着找了，我这儿可是有比手电筒更带劲儿的东西。"

刚到室外，我就被眼前梦幻般的场景震惊得张着嘴吐不出半个字——后院的树桩在夜晚闪烁着幽幽的浅蓝色荧光，这太不可思议了！

高兴告诉我这只是腐木上一种叫假蜜环菌的真菌菌丝在作祟，没什么稀奇的。我们平时吃的小麦、菜豆、玉米的种子在萌芽时期也都可以发光。只不过它们发出的超弱的光用肉眼是看不见的。

回家之后，我没法透过卧室的窗户看到会发光的树桩了，这让我寝食难安。但这难不倒我。为了让我窗外院子里的树能够发光，我得先去米粒的物品收集库里找一些材料——干净的易拉罐、一些钉子、尼龙绳以及两根蜡烛，然后就可以开始我的“发光树”制作计划了！

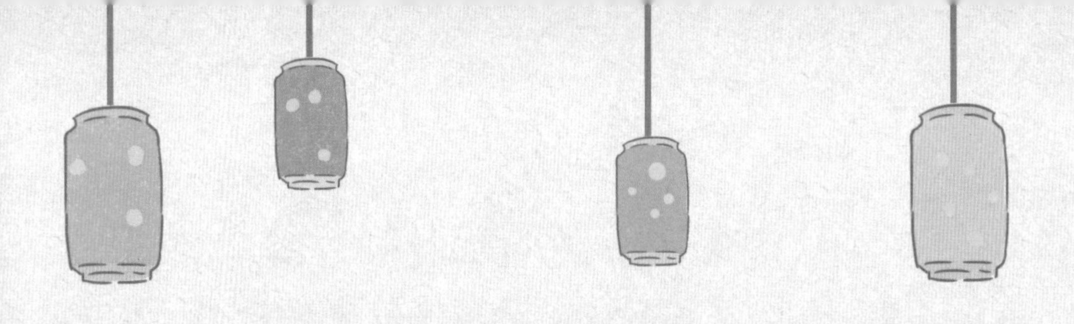

首先，我在易拉罐上画一些圆点，用这些圆点拼出喜欢的图案。我拼出了星星和月亮，这能让我想到在高兴爷爷家看到的满天星斗。另外还要在易拉罐口用两个大点标志出穿尼龙绳的地方。

画完之后，在易拉罐里装大半罐水，差一两厘米到罐口就行，把罐子直立着放进冰箱的冷冻室里。水冻成冰以后能支撑着罐子，防止在罐子上打孔时罐子发生变形。我不会轻易告诉任何人，这可是我砸扁好几个易拉罐后发现的秘密。

我花了不少时间才等水完全冻结。我把易拉罐固定在平面上，让爸爸帮我对着之前画好的点把钉子砸进罐子，再用钳子把钉子拔出来。完成后，罐子上就出现一个个洞。如果用不同大小的钉子，还可以砸出不同大小的洞呢。等全部完成后，就可以等着里面的冰块融化了。

我把融化的水倒掉，擦干易拉罐，把易拉罐口的那一块圆铁皮完全剪掉，再在易拉罐口的两个大洞里穿上尼龙绳，然后在里面小心地摆上蜡烛后点燃，最后挂在后院的树干上。

我不得不抱怨一下，这真是一个辛苦活儿。光是打穿所有的洞，我和爸爸就花了一整天。现在我只有躺在床上，看着我亲手制作的“发光树”，从窗外透进来一丝丝暖光。虽然没有高兴爷爷家的天然发光树桩那么漂亮，但足够让我今晚睡个好觉了。

科学小贴士

晚上高兴给我带来一个好消息，科学家们正在栽培一种生物发光树，作为天然路灯。他们将一种能使生物发光的基因植入植物的基因序列中，让树能自然发光。这样不仅能点亮夜空，而且可以节省下大量的路灯所消耗的电能，堪称“环保先锋”啊。

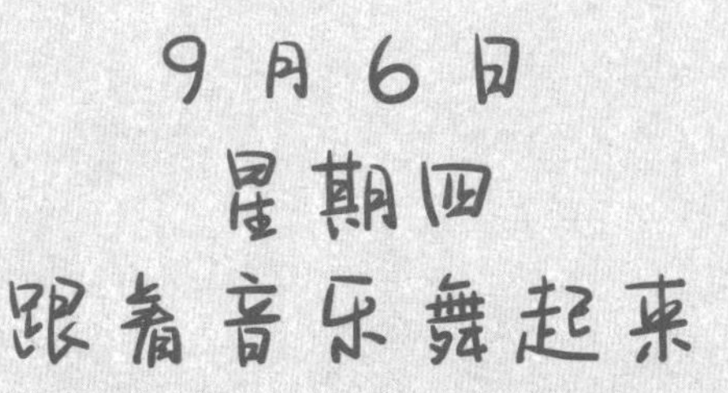

最近我学会了一种炫酷的“星际漫步舞”，灵感来自整天舞蹈的跳舞草。我快被自己迷倒了，我简直就是天生的舞蹈家嘛，即使米粒说我的舞蹈更像是广播体操。

高兴告诉我一个秘密：如果我能一边跳舞一边唱歌给那些植物听的话，会让它们长得更棒。高兴听说，印度的一个音乐家就坚持每天给他的水稻拉 25 分钟的小提琴，让水稻长得更茁壮，所以他永远不用担心会饿肚子。

我该唱点儿什么歌好呢？我一上午都在想这个问题，感觉脑袋都要裂开了，还是没有结果。虽然我是个优秀的舞蹈家，但并不擅长唱歌。显然高兴非常愿意帮我，他表示会为我示范他经常唱给他家杧果树听的《采蘑菇的小姑娘》。然后我就度过了一个糟糕的下午——高兴的歌声只能引来大灰狼。我终于明白他家的果树为什么从去年开始就不结果了。

至于给植物们听歌这个问题，我有了一个更好的主意：直接用音乐播放器放给它们听。我从米粒那儿找到两个旧的播放器，用来测试我家花园里的植物们喜欢什么类型的歌曲。

我从院子里搬了两盆常春藤来，它们看起来充满了活力。

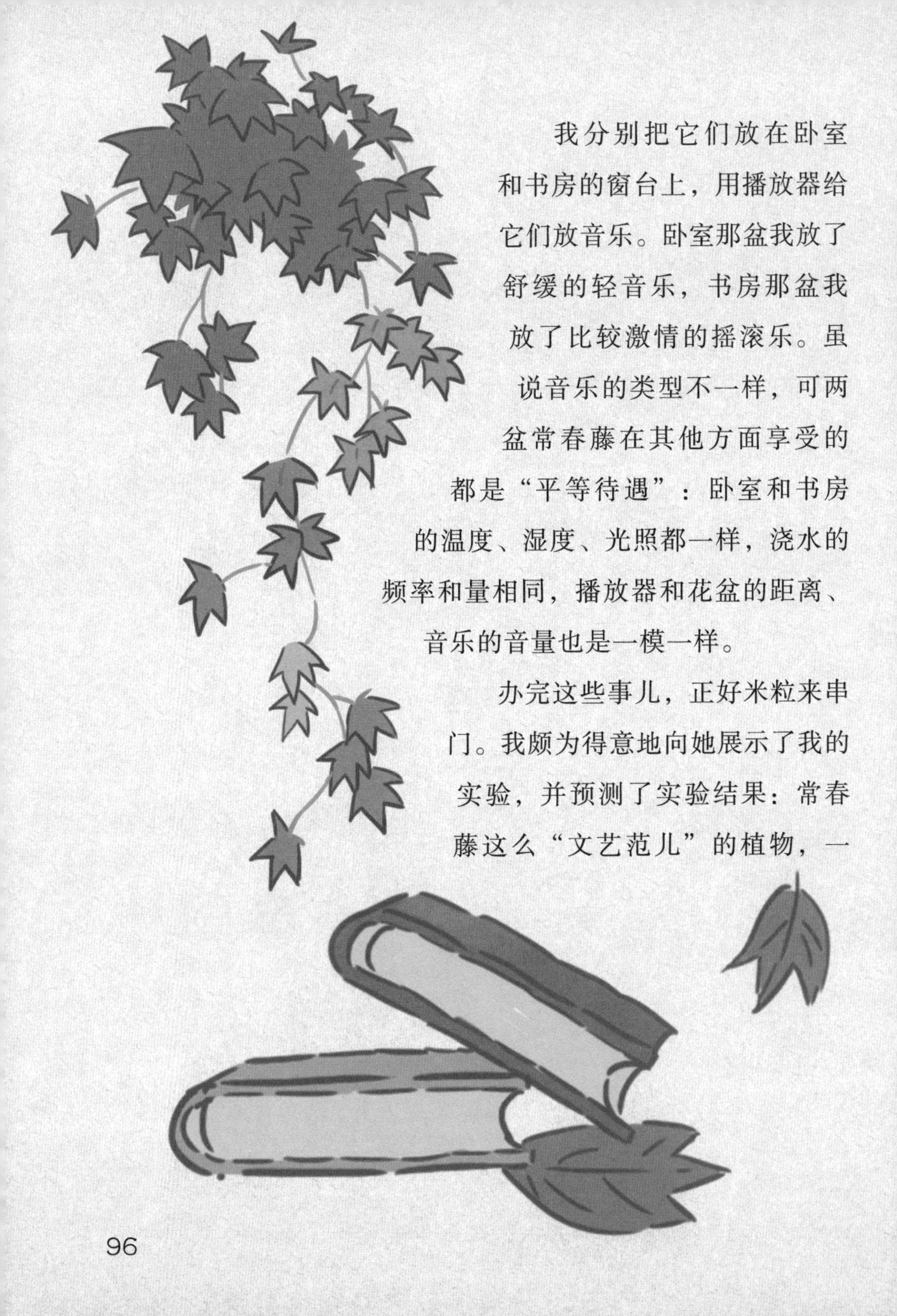

我分别把它们放在卧室和书房的窗台上，用播放器给它们放音乐。卧室那盆我放了舒缓的轻音乐，书房那盆我放了比较激情的摇滚乐。虽说音乐的类型不一样，可两盆常春藤在其他方面享受的都是“平等待遇”：卧室和书房的温度、湿度、光照都一样，浇水的频率和量相同，播放器和花盆的距离、音乐的音量也是一模一样。

办完这些事儿，正好米粒来串门。我颇为得意地向她展示了我的实验，并预测了实验结果：常春藤这么“文艺范儿”的植物，一定是听轻音乐长得更壮！

米粒却说我太想当然，他告诉我，科学家经过反复实验发现，“音乐促进植物生长”的奥秘在于，播放器放音乐时会散发出热量，正是这些热量使植物长得更“带劲儿”，跟音乐的类型并没有关系。看来，想测试常春藤的“音乐品位”，只是我一厢情愿啊！

科学小贴士

跳舞草每个叶柄的根部都长着一对小叶。在优美音乐的伴奏下，它们会一开一合地舞动。这是为什么呢？跳舞草会跳舞与温度、阳光、声波有关，在常温强光无风雨下可跳舞；太阳照射，温度上升，植物内水分蒸发，海绵体膨胀，小叶会摆动，光线越强，运动速度越快。

9月21日
星期五 酒

我一直提醒高兴要好好地检查一下视力。因为他总是一惊一乍地说他看到了“怪事”，可后来却发现，是他眼花看错了。这不，他又跑来告诉我，他们家的糯米变出了酒。

不过看着他一本正经的样子，我还是和他一起去看看现场情况吧。果真！还没走进高兴的家门，就有一股浓浓的酒香扑面而来。打开存放糯米的锅子，这酒味更是直冲我和高兴的鼻腔，搞得我们晕乎乎的。

原本颗颗饱满的糯米如今正安静地沉淀在散发着酒香的液体之中。我冒险用勺子挖了一点儿沉淀的糯米尝了一口，居然还有一丝丝甜味。我立马叫来了米粒，人多力量大，我可得搞清楚这是怎么一回事。

可我们一直守到半夜，除了越来越浓郁的酒香味，什么都没有发现。一直到高兴的爸爸被高兴的呼噜声吸引来，我们的观察活动才宣告结束。

当高兴爸爸知道我们正在观察那锅糯米酒的时候，哈哈大笑起来。

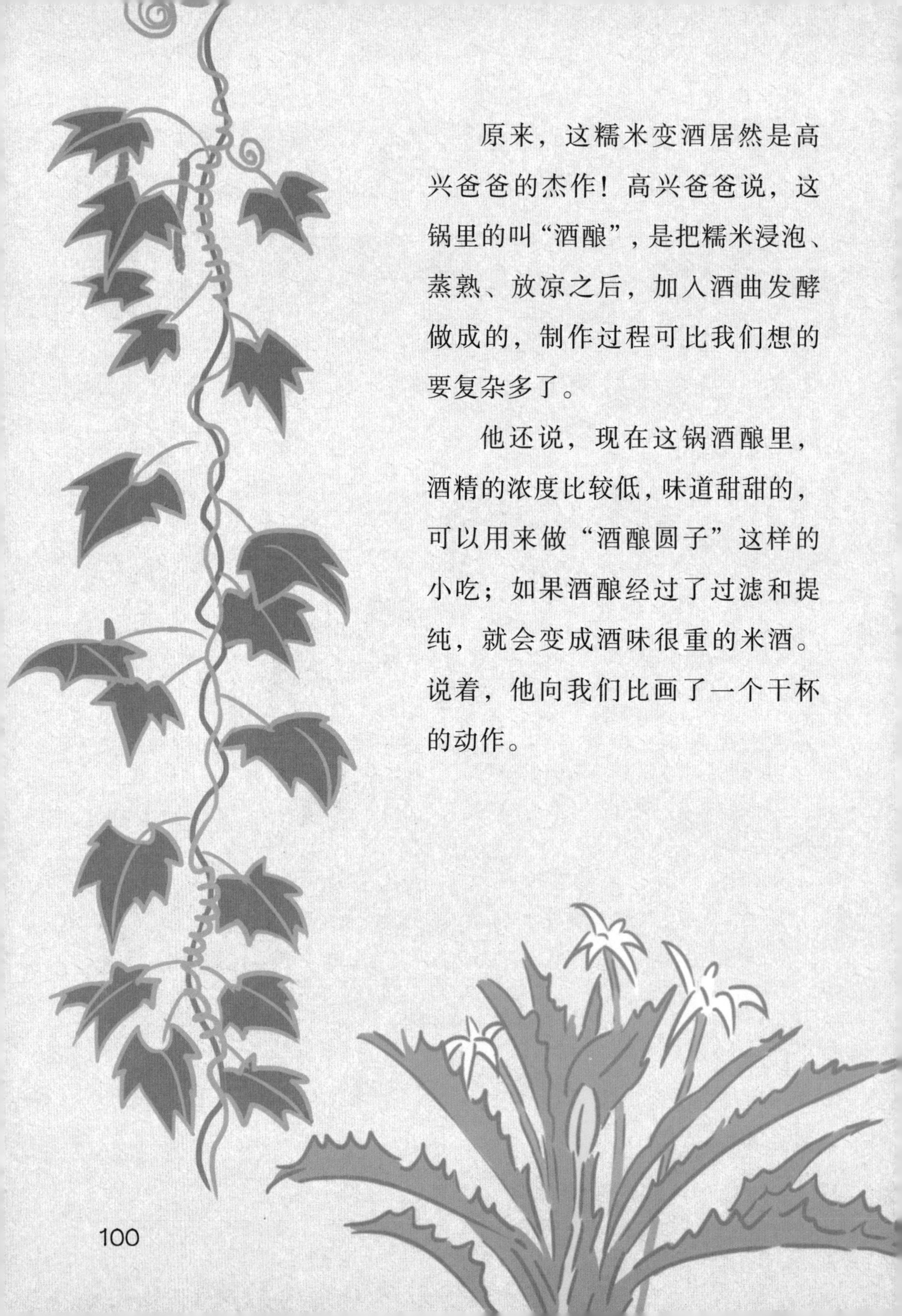

原来，这糯米变酒居然是高兴爸爸的杰作！高兴爸爸说，这锅里的叫“酒酿”，是把糯米浸泡、蒸熟、放凉之后，加入酒曲发酵做成的，制作过程可比我们想的要复杂多了。

他还说，现在这锅酒酿里，酒精的浓度比较低，味道甜甜的，可以用来做“酒酿圆子”这样的小吃；如果酒酿经过了过滤和提纯，就会变成酒味很重的米酒。说着，他向我们比画了一个干杯的动作。

高兴爸爸告诉我们，除了糯米，还有好几种富含淀粉的粮食都可以酿酒，比如高粱、大米、玉米、青稞，等等。不过，用它们酿酒，工艺比较复杂，一般不能在家里自制。最后，高兴爸爸强调，过量饮酒有害健康，特别是小孩子，应该远离含酒精的饮料。

科学小贴士

在坦桑尼亚有一种“酒竹”，幼竹当中的汁液经过发酵可以变成香醇的美酒，是当地款待宾客的特色饮料。竹子汁液酿的酒，味道一定清新爽口吧！

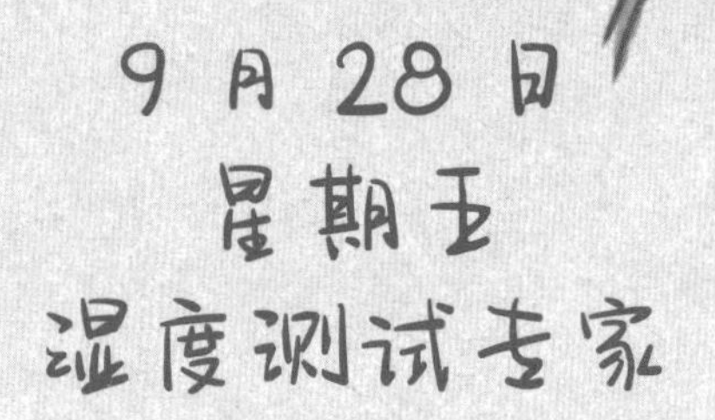

今天真是太糟糕了，我和高兴被一场雷阵雨困在了商场里。意外的是，米粒突然出现，拯救了我们。她说她家有一位湿度测试专家，能测试出空气中的水分。这不，看到空气中水分剧增的米粒，预感到要下雨，这才及时出现在我们面前。

我们决定去米粒家感谢一下这位神奇的专家。意外的是，它可害羞了。高兴一碰到它，它就紧张地蜷缩起来，难怪它的名字叫作含羞草。过了一会儿，这位害羞的测试专家见我们没对它造成什么威胁，就又慢慢舒展开叶片。

米粒解释道，其实它这样就是在告诉我们，空气中的湿度降低了。如果你碰它时，它懒洋洋地半天才闭合，则是空气中湿度增加的标志，很可能要下雨哦。

高兴灵机一动说，我们也可以自己动手做一朵能告诉我们湿度高低的纸花。

说做就做，小分队立刻分头行动！不一会儿高兴就从一大堆的收藏品里找到了一个漂亮的玻璃瓶和一些彩色的皱纹纸。

我则在厨房找到了另一种关键材料——盐。我按照高兴的吩咐，把盐放进水里搅拌，混合成盐水。当我在苦恼盐和水的混合比例是不是恰当时，高兴让我用舌头去试验一下。我的眉毛在我尝到盐水的味道后就扭到一起再也分不开了。米粒看着我的样子，咧嘴一笑说，这样就应该差不多了。我顿时有一种被蒙骗了的感觉。

准备就绪，我们仨一起用彩色的皱纹纸折出一朵朵漂亮的纸花，并细心地给每片花瓣都涂上浓盐水，然后在阴凉的地方晾干。高兴把纸花用胶带粘在吸管上，插入玻璃杯中。现在，我们就可以观察它测湿度的能力了。

高兴一副很博学的样子告诉我们天气花的制作原理：浸过浓盐水的皱纹纸花非常容易吸收空气中的水分，如果空气中的水分少，纸花的颜色就会浅一些；相反，天气潮湿，纸花“喝”的水多了，颜色就会变得很深。这可真不错！用这样的方法，我就可以做出很多不同形状和颜色的“湿度指示器”了。

科学小贴士

有些植物对天气变化特别敏感。比如别名叫“红玉帘”的韭兰，常在空气湿度大增，暴雨将至时开花。还有中美洲多米尼加的雨蕉，在温度湿度都很高，而且没有风的情况下，叶片上会像流泪一样滴下水珠。

10 月 7 日
星期日
绿色的始祖

消失了一天的高兴终于出现了，他总是那么神秘。

高兴告诉我他找到古老的绿色始祖了，并且成功地把它邀请到家里来了。而我只看到高兴手中盛水的瓶子里有一层漂浮物。庞大的植物王国的起源竟然是这整天吐着氧气，用显微镜才能看清的蓝藻。

嘿，要不是高兴提醒我还真没发现，原来我们身边到处可以看到蓝藻子孙们的身影。他还向我们展示了 2.9 亿年前就生存在地球上，熬过了可怕的第四纪冰川运动，成为之后遗留下来的最古老的裸子植物——银杏树！

我们拜访了家附近的那棵不明年龄的银杏树，找到了会在深秋变成金黄色的银杏叶。它的叶片顶端有一个大波浪，乍一眼看去就像是一把小扇子。看起来，这号称“活化石”的银杏树在生活中还是很低调啊。

米粒建议我们用掉落在地上的银杏叶做个漂亮的植物书签，这样它们就能永葆青春啦！

这个主意得到了“科学小超人”小组的一致认同。在不破坏生态环境的情况下，我选用了刚刚采集来的完整的银杏叶，小心地清洗掉上面的泥土和灰尘。

我很快完成清理工作，又找到一块平整的桌面，在上面铺四层报纸，将银杏叶放在报纸上，再另外盖上四层报纸，

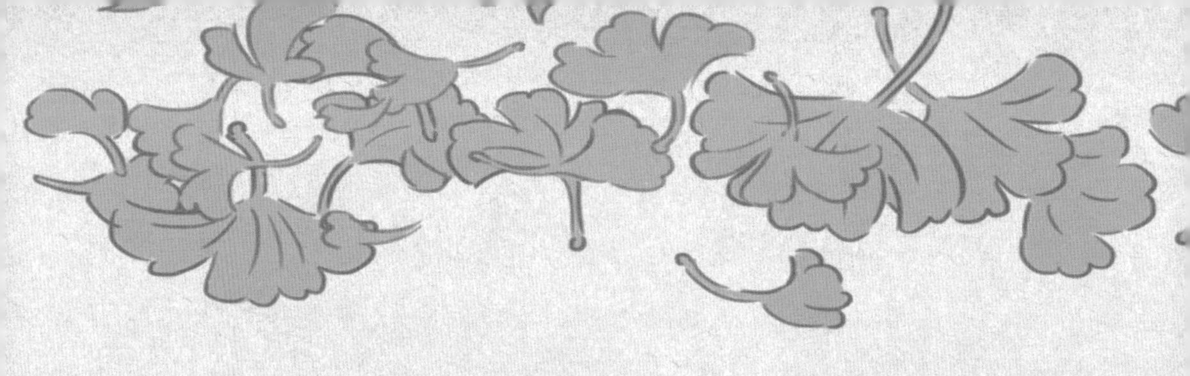

用电熨斗在覆盖银杏叶的报纸上略施压力来回熨烫。可不能熨烫太久了，焦了可就不好了。还要注意别烫着自己的手，不然可就变成“红烧蹄子”啦！等银杏叶干燥冷却之后，就成功一大半了。

但还不能心急，我再拿来彩色的卡纸，用胶水把干燥的银杏叶粘在中间，然后迫不及待地在旁边写上银杏的寓意作为祝福语：健康长寿、幸福吉祥。这样有趣的植物书签，看着就会有好心情。

等我们都完成得差不多的时候，一边的高兴开始担心起银杏叶书签会遭到破坏。这个问题太简单了！我猛拍自己的胸脯，这点儿小事只要找到我爸爸，就能请他用封相片的塑封膜，把我们的银杏叶书签也塑封起来。这样，我们的标本就可以长久保存啦！

我们相互交换了制作好

的银杏叶书签，把它夹在书里。我拿到的是高兴与众不同的书签——事实上，除了银杏叶，他还附送给我不少碎屑。看他凌乱的桌面，如果有一片干干净净的银杏叶才会让人觉得奇怪呢！书签上还歪歪扭扭地写着："我是不老的银杏叶！"高兴拿到了米粒做的书签。嗯，不愧是米粒做的，精致又漂亮。相比之下，我的书签就没有那么精致了，不过没关系，比上不足比下有余嘛！

科学小贴士

有些花是雌雄同株，一朵花中既有雌蕊也有雄蕊。而银杏却是雌雄异株，"爸爸树"开出雄花，"妈妈树"开出雌花。只有当雄花的花粉飘到雌花上，才能结出银杏宝宝来。

10月14日 星期日 季节的时装秀

我和高兴、米粒一致认为应该创立一个属于我们的秘密基地，而且必须要满足以下几个条件：

第一，必须充满阳光，适合我们午后打个盹儿。

第二，必须五颜六色，让我们保持愉悦的心情。

第三，必须有广阔的空间，适于我们跟植物亲密接触，这点很重要。

我们几乎走遍了所有的地方，我感觉自己的腿就要变成折断的树枝了。幸好我们最后还是找到了符合所有条件的基地——

学校后面的树林。

走进树林里，我们发现了满地的落叶，踩上去沙沙作响。奇怪的是这些叶子除了绿色，还有其他颜色，例如黄色和橙色。学识丰富的米粒很容易就认出了五角枫、乌桕、鸡爪槭等的叶子，它们一到秋天就会变得一片火红，形成“霜叶红于二月花”的美景。

我们收集了不少形状颜色各不相同的叶子，正给它们分类呢。高兴看到一旁的琥珀正拼命追赶像干枯落叶一样的枯叶蝶，突然跳了起来，大声说道：“不如给琥珀做件衣服吧！”

漂亮的落叶是必不可少的材料。我们收集了充足的落叶，用湿布把它们小心地擦干净。

琥珀好像知道我们要准备给它做件衣服，显得格外兴奋。

我们合力用剪刀把干净的塑料桌布剪成适合琥珀身材的形状，这可是很重要的准备工作，一件衣服不仅要漂亮还必须得合身。

一切就绪，现在我们就可以用胶带把各种色彩的叶片粘到琥珀穿的塑料桌布上了。高兴负责撕胶带，我负责粘，米粒在一边指导配色。牢固是非常重要的，因为我们必须确保顽皮的琥珀到处乱窜的时候，衣服上的叶片不会掉下来。

说真的，我觉得我们仨就是自然艺术家。我们给这件衣服取名叫“季节”，这真是太有趣了。现在琥珀简直就和大自然混为一体了，穿着“季节”，它可以轻易地在树林里隐身，不被我们发现。

科学小贴士

树叶里含有多种色素，包括叶绿素、叶黄素和花青素。春天和夏天时，树叶里的叶绿素含量最高，所以树叶是绿色的。天气转冷时，叶绿素分解了，叶黄素和花青素的含量上升，树叶便会变成黄色或红色了。

10 月 20 日
星期六
高兴的“师傅”

我在花园的池塘边遇见了撅着屁股把头埋进水里的高兴，看样子他正在做游泳训练。但他挑的地方实在是太奇特了，我猜他是想在训练时顺便观察一下水里的植物来打发时间。

当高兴从水里冒出头来的时候，我可是费了好大的劲儿才憋住笑，因为高兴的样子实在是太狼狈了。他头发上挂着不少池子里的金鱼藻。我猜，这一丝丝的金鱼藻不愿意高兴打扰了它们享受阳光，所以对高兴发动了“攻击”。

可高兴却毫不在意，也许他认为这是金鱼藻在对他示好。高兴偷偷告诉我，他是为了找“师傅”才在水池里待了半天的，那个神秘的“师傅”传授给他长时间潜水的好方法。当然，他劝我还是不要把头伸进水池里，因为太危险了。

我可没打算把头伸进水池，但还是对高兴的“师傅”感到好奇。高兴神秘兮兮把我带到他们家的厨房，还关上了门。他在一堆蔬果里翻了一阵，最后掏出一截莲藕。

他说，多亏了这些孔，空气才能传到莲花的根部，让根可以呼吸。所以他如果用吸管代替莲藕，也能长时间待在水里，不怕喘不上气。

我被高兴的这个主意给深深吸引了。于是我和高兴兴致勃勃地请高兴爸爸送来两根牛奶吸管，嘴里含着吸管一端，猛地把头扎进了装满水的浴缸里，并让吸管的另一端露在水外。结果是，我们找的吸管实在是太细了，根本满足不了我们的呼吸需求。

不过，只要找一根粗一些的管子，我们就一定能成功！前提是管子必须比我们的嘴小一点儿，而且还得确保它够长、够干净，还有就是必须有大人在身边确保安全。

科学小贴士

莲是一种让人既能饱眼福，也能饱口福的植物。莲花清新淡雅，是我国古代花中的四君子之一；根状茎莲藕富含淀粉，是莲花的“营养储存器”，也是我们餐桌上常见的蔬菜；它的种子、果实莲子可食用，也可药用；连荷叶煎水喝也具有清热解毒的功效，可谓是全身是宝。

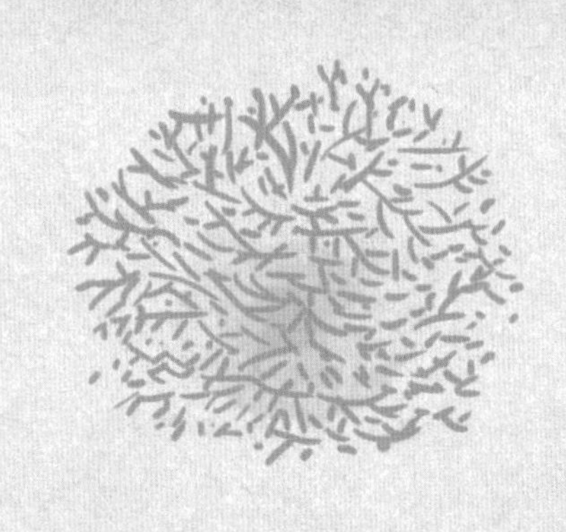

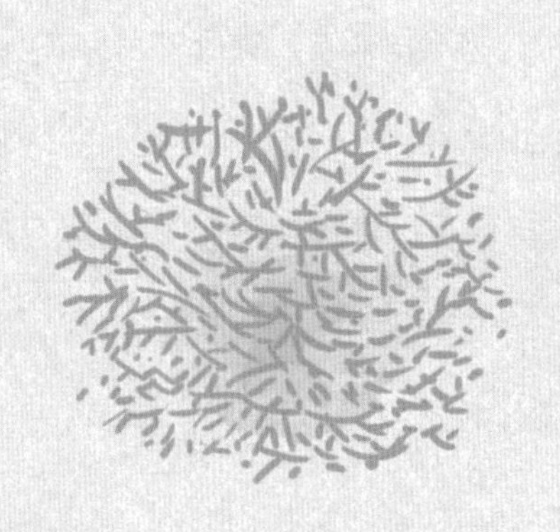

11月20日 星期二
嘿！不要跑

“我和爸爸妈妈曾在内蒙古东部的呼伦贝尔大草原上迷了路，但对我来说，没有什么比不知道去哪里的旅行更加令人兴奋的了。我还在路上发现了和我们一起浪迹天涯的风滚草。”

米粒和高兴对我的这段惊喜之旅感到十万分的羡慕。特别是当我准备展示我带回来的风滚草的时候，他们都好奇得不得了。

可等我们来到院子的一角时，却惊奇地发现那里只有一小片空地——风滚草逃跑了！冷静的米粒告诉我，风滚草十有八九是在风的召唤下继续浪迹天涯去了。随着时间的推移，我不得不承认，米粒很可能说对了。因为一直到夜幕降临，我们也没有看到风滚草的影子。

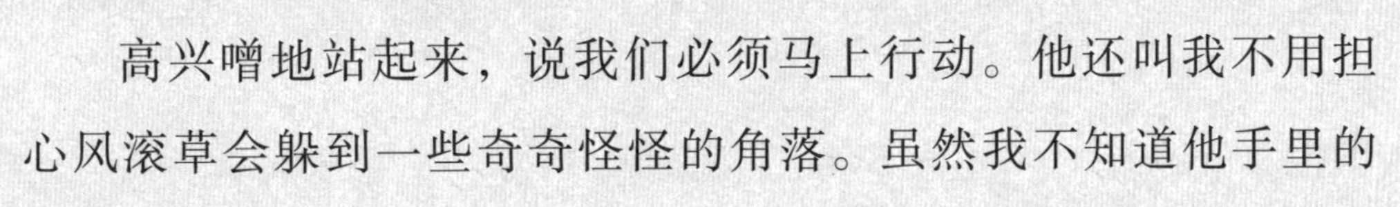

高兴噌地站起来，说我们必须马上行动。他还叫我不用担心风滚草会躲到一些奇奇怪怪的角落。虽然我不知道他手里的两块小镜子能起到什么作用，但现在我作为他的搜寻队助手，必须充分相信他。

很快我就接收到高兴的第一个指示：找到两个牙膏盒，将其中一个牙膏盒从中间拦腰剪开，并分别在正面挖出两个同样大小的方形的洞。

在我完成任务之后，高兴亲自将他的两面小方镜子分别斜放进了刚才在牙膏盒上挖出的两个方形洞里，让镜子与盒底形成45度的夹角，并牢牢地固定住。

现在我得到高兴的第二个指示：在另一个完整的长条牙膏盒的正反两面各挖出一个方形洞，大小要正好能把刚才做好的两个“半截子”牙膏盒插进去，然后将制作完成的牙膏盒们拼插在一起。必须要保证两面小方镜子是在长条牙膏盒的内部，而且是面对面的。

我刚刚把牙膏盒们接好，高兴就说已经完成了！高兴说，这是个简易的潜望镜。真正的潜望镜是专门用来从海里伸出海面或者从低洼坑道伸出地面，来进行观察的工具。我们用它对房间各个角落进行了搜查，最后终于在柜子的顶端找到了风滚草。原来妈妈把它作为“原生态”装饰品，摆在了柜顶上。虚惊一场！

科学小贴士

“风滚草”其实是许多种植物共同的俗称。这些植物虽然不属于同一“家族”，但大都生长在草原。在干旱条件下，它们的茎会变干、卷曲，与根部分离，形成重量很轻的球状物，随风滚动，并在这个过程中播撒种子。

12月14日
星期五
来自北美的神秘信件

我在信箱里发现一封神秘信件，是高兴从遥远的北美洲寄来的。信封里是一张白纸，这是我们有重大发现时使用的秘密信件。现在我只需要用一些碘酒洒在这张纸上，就可以看到信里面的内容了。

亲爱的童童：

我和爸爸正在北冰洋附近，我就快冻成冰棍儿了！但你猜我在这里的冻土带发现了什么？一些地衣和苔藓！我想你一定高兴它们成为你的礼物。如果你感兴趣，我爸爸建议我们可以去南极长城站看看地衣世界。

冻僵的高兴

不愧是我的好兄弟，知道搜集各种各样的新奇植物是我最大的爱好。事实上，我的梦想就是能在环境恶劣的月球或火星种上植物——既然人类已经有了登陆火星的设想，为什么不让可爱的绿色植物陪伴呢？

高兴一直说我是行动力超人，我当然不能辜负这个名号。现在我就在研究一种能在环境恶劣的火星种植植物的办法，而地衣这种能在冻土和荒原中生长的植物，一定会为我提供非常有用的研究资料。这让我无比期待高兴的礼物。

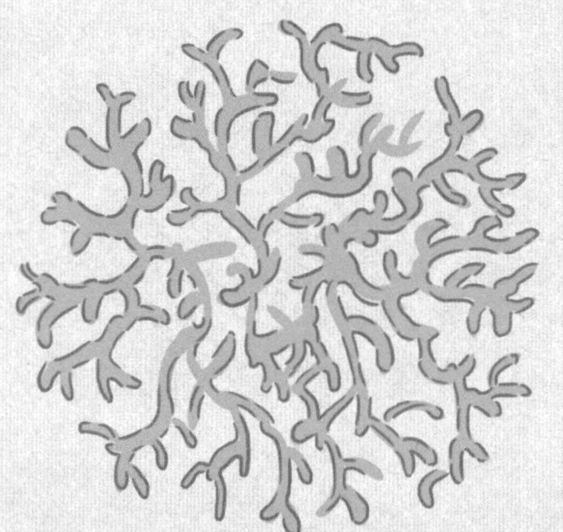

前不久米粒告诉我，科学家们也正在进行培育“火星植物”的研究。他们从深海有机物中提取能抵御恶劣条件的耐性基因，转移到植物体内，让

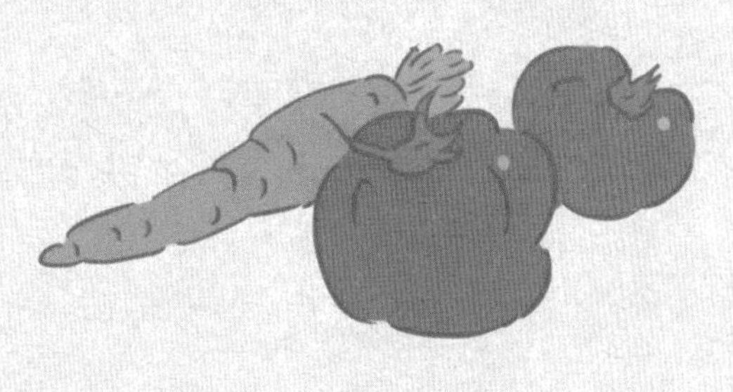

植物具备适应外界各种可怕环境的特性。这项研究得到了美国航空航天局的支持。目前，科学家们已经在一种叫拟南芥的小小植物中“插入”了这种耐性基因。哇！我已经开始想象火星上种出来的蔬菜是什么味道的了。

不过嘛，这项研究还在起步阶段，面临不少困难。说不定我们“科学小超人”长大以后，还能助一臂之力呢！

科学小贴士

神通广大的秘密信件可是我们“科学小超人”小组最重要的联系方式了！它可以非常有效地保证我们的内部机密不被外泄。我们只要用棉签蘸上一些面粉糊写在白纸上晾干就行了，然后在这样一张特别的白纸上洒上碘酒，写过的字就会显示出来了！对了，千万不要忘记看完以后再用柠檬汁擦去这些字。

12 月 26 日 星期三
我也能帮忙

一定是因为全球变暖，原本应该冷得流鼻涕的冬天，居然都没让人感觉到寒冷。这可不是什么好现象，我忍不住想，那些惧怕严寒的害虫听说暖冬的消息肯定会喜笑颜开，地下数百万大吃大喝的虫虫大军会对植物造成多么巨大的威胁啊！

而那些以为春天来到的花朵们，迟迟等不到正在休眠的蝴蝶和蜜蜂。等它们睡醒，花儿却早已枯萎。植物不能传播种子，传粉者没有了食物。这样的时间差，将会导致双方的灭绝。天哪，这真是太可怕了，我都不敢继续想下去了！

保护绿色的行动蓄势待发。除了节能减排以外，我们必须为保护身边的绿色展开行动。我找了米粒和高兴到我们的秘密基地开展了一次热烈的讨论，并做出了以下约定：

1. 不轻易采摘美丽的植物，喜欢它们就为它们拍照或画画。

2. 不踩踏草坪，设想小草们被踩在脚底的感受。

3. 垃圾的归宿应该是垃圾桶，而不是草丛。

4. 在野外结束篝火晚会时，一定要确保火苗已经全部熄灭。

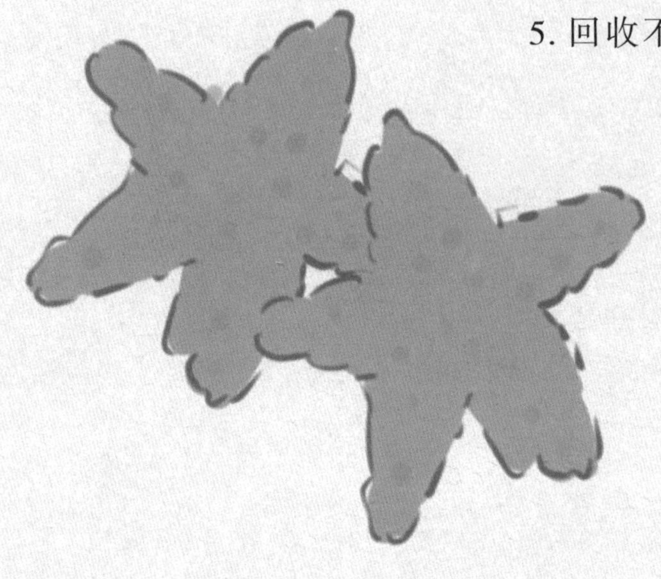

5. 回收不要的废纸、牛奶盒子，甚至是衣服上的纸质标签，尽量减少木材的消耗。

6. 把上面的几条约定大范围地“散播”出去，让更多人加入我们的行列，保护植物朋友们。

晚餐的时候，我把这件事告诉了爸爸妈妈。他们非常欣赏我们的约定，而且答应给我们绝对的支持。

爸爸告诉我，植物学家也正在想方设法地增加植物的生存机会。

现在开始，我们要告别以前不太在意自然保护的行为举止，并且不断完善我们的绿色保护计划。这是一个艰巨的任务，但我们打算努力坚持下去。

科学小贴士

许多国家都通过了保护植物的法律。联合国、世界自然保护联盟和世界自然基金会也在极力帮助我们留住身边的绿色。当然，这更需要我们每个人的努力。

如何“偷窥”大自然

还记得米粒出品的“科学小超人”相册集引起围观的事儿吗？更有第二波热潮呢！许多低年级同学想求教其中的“真经”：为什么我们的奇思妙想能像石榴的果实一样密密麻麻？作为团队自封的发言人，我必须出面总结一下。其实这一点儿都不神秘，只要试着去观察大自然。高兴爷爷说，我们每个人都只是一个点，从眼睛出发的观察射线限定了我们生活圈面积的大小。一旦观察半径变长了，生活圈和外头的接触面积也变大了，那些奇思妙想就会像灯光下的小飞虫一样不请自来，甩也甩不掉。

首先，尝试用眼睛去体会生命的变化。比如，在路边遇见一只小鸟，静静地看它的身体线条、尾部形状、脚的模样、起飞的状态。目光可及的形状、颜色、活动时间全都可以成为观察的焦点。用心也用笔记下大自然展现在我们面前的资料，这就是一个完整的观察。

现在，我们对这种小鸟有了初步的印象，一些外观和活动状态已经了然于心，可就是不知道它的名字。别担心，已知的内容会像导盲犬一样，带我们找到它的名字。要是找不到也没有关系，我们至少比以前更熟悉这位动物朋友，不是吗？直到现在，米粒还在称呼我家院子里的优雪苔蛾为“白底红线黑点点蛾子”，大家都无意纠正她，因为总有一天米粒会在百科全书的某一页看到这种苔蛾的学名。那时候她一定已经非常了解优雪苔蛾了，相信优雪苔蛾也更乐于让自己的名字被一个真正懂自己的人所知。

这时候，另一个疑问就出现了：如果我们的日常生活中没有太多小鸟，也不可能说走就走去野外考察呢？这些小问题是没法阻碍我们的！经过高兴的统计，过去一年我们的观察记录中，在“高兴爷爷的别墅后院”中完成的，占所有活动的3%，在“其他城市”进行的占1%，在“其他国家”完成的仅占0.5%，余下几乎所有的观察记录，都是大伙儿在日常生活中进行的。我曾经给琥珀写过整整一册的观察记录：它今天便便的地点和昨天的不一样，它游戏的时间比昨天少了10分钟，我回家的时候它在玄关而不是在客厅里迎接等等。“科学小超人”就是在如此简陋的条件下，积累了厚厚的观察手册和那几本大相册。任何看似不起眼的点，在我们眼里都是一个未知的大世界。将观察变为一种习惯，你就会发觉，生活在城市中也有数不清的生物和现象可以慢慢琢磨。

不过，随着环保意识的增强，与我们一同住在城市的动植物在渐渐变多，我们会有更多伙伴可以观察！当观察成为日常的一部分，你无意中会发现，看腻了的公园似乎变漂亮了，“微观世界之街边花坛”的好戏每天都在上演，生活的内容更丰富。

仔细回想一下上面这些方法，有没有觉得自己像在“偷窥”？没错，爸爸把这解释为“静静地欣赏生物的美好”。他说，他的摄影工作其实也是一种对大自然的“偷窥”，只不过需要通过镜头来完成。啊，可以将“摄影”也加入到我们的记录方法中，真是个不错的主意！现在就开始试试吧！

图书在版编目（CIP）数据

植物变变变 / 肖叶，黄思敏著；杜煜绘. -- 北京 :天天出版社，2022.10
（孩子超喜爱的科学日记）
ISBN 978-7-5016-1908-5

Ⅰ. ①植… Ⅱ. ①肖… ②黄… ③杜… Ⅲ. ①植物–少儿读物 Ⅳ. ①Q94-49

中国版本图书馆CIP数据核字(2022)第160445号

责任编辑：陈　莎　　**美术编辑**：曲　蒙
责任印制：康远超　张　璞

出版发行：天天出版社有限责任公司
地址：北京市东城区东中街 42 号　　**邮编**：100027
市场部：010-64169902　　**传真**：010-64169902
网址：http://www.tiantianpublishing.com
邮箱：tiantiancbs@163.com

印刷：北京利丰雅高长城印刷有限公司　**经销**：全国新华书店等
开本：710 × 1000　1/16　　**印张**：8.25
版次：2022 年 10 月北京第 1 版　**印次**：2022 年 10 月第 1 次印刷
字数：78 千字　　**印数**：1-5000 册

书号：978-7-5016-1908-5　　**定价**：30.00 元